秋田・白神入山禁止を問う

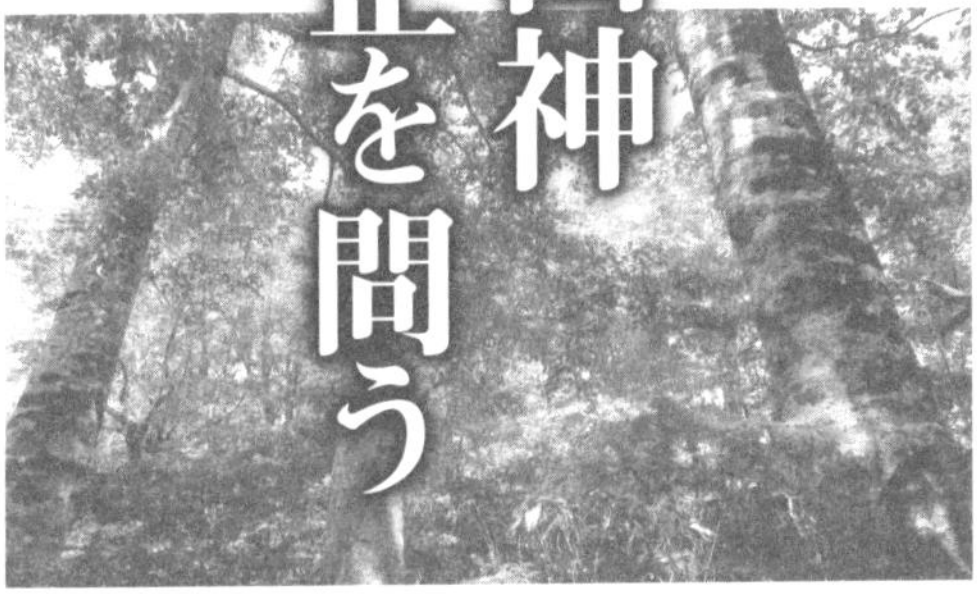

佐藤昌明

無明舎出版

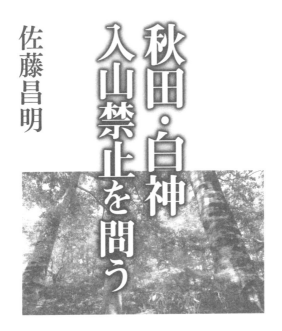

秋田・白神 入山禁止を問う◉目次

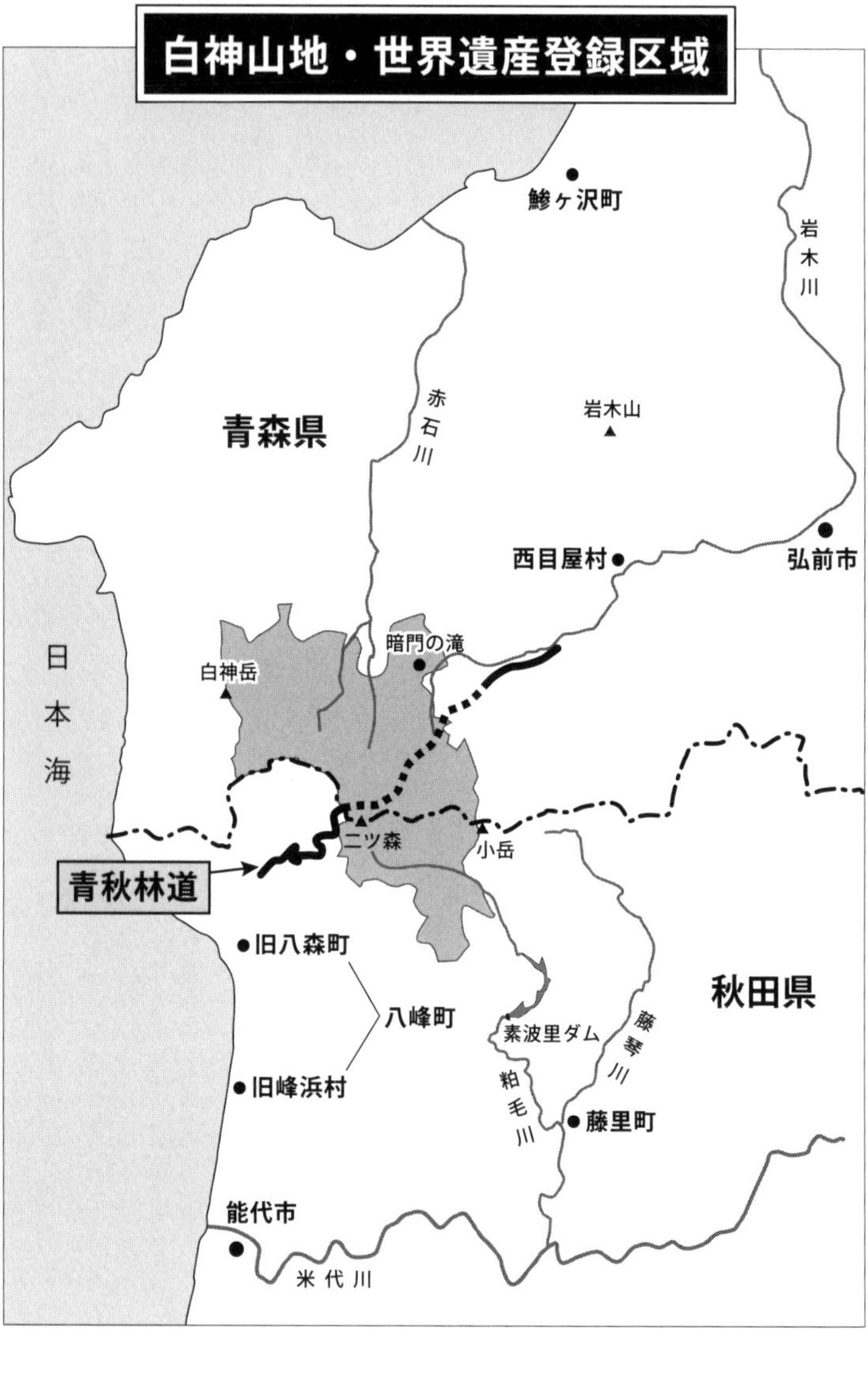

白神山地・世界遺産登録区域
鰺ヶ沢町
岩木川
赤石川
岩木山
青森県
西目屋村
弘前市
日本海
暗門の滝
白神岳
二ツ森
小岳
青秋林道
旧八森町
八峰町
旧峰浜村
秋田県
素波里ダム
藤琴川
粕毛川
藤里町
能代市
米代川

秋田・白神 入山禁止を問う

はじめに

世界一の広がりを持つ白神山地ブナ原生林。未踏の原生林を分断する林道工事は自然保護運動と住民運動が結束して阻止、１９９３年にわが国の世界遺産登録第1号となった。しかし、山の管理の在り方をめぐって白神問題は揺れに揺れた。

白神山地のブナ原生林は本州の北西端、青森県、秋田県にまたがり、総面積は約13万ヘクタールに及ぶ。世界遺産に登録されたのは中心部（核心地域＋緩衝地域）の1万６９７１ヘクタールで、内訳は青森県側が1万２６２７ヘクタール、秋田県側は４３４４ヘクタール。しかし、同じ山塊なのに、核心地域への入山は青森県側が「届け出制」で、秋田県側は「原則、入山禁止」となっている。県によって異なる不自然な形が続いている。

白神山地に、入山禁止の措置は果たして必要なのか。本書のタイトルを『秋田・白神　入山禁止を問う』とした。つまり「秋田県側の白神山地の入山禁止を見直し、届け出制に移行して、秋田・青森両県の山域全体を統一するよう提案する」のが本書の目的だ。

日本全体の人口が減少している。特に白神山地周辺の町村は急激に過疎化が進み、入山者も激減している。その中で、「あの山に行ってみたい」と言う人々に対して、「来てはいけない」とアピールする入山禁止の制度を、そのまま続けて良いのだろうか。世界遺産の管理計画は本来、試験的にスタートしたものだ。時代は常に変化する。世界自然遺産に同時登録された屋久島、後続の知床、小笠原諸島では、時代の変化に対応した管理計画の見直しを、日々の業務として取り組んでいる。秋田・白神の入山禁止も、見直しの時期ではないのか。

私は、白神山地が無名の時代から取材活動を続けてきた一人のジャーナリストである。仙台市に本社のある新聞社に入社、初任地が青森支局で、1983年春に赴任した。その年の夏から、青森県側の白神の山々に入った。青森県知事が林道中止を決断する場にも立ち会った。この問題を長期間にわたって継続して取材できたのは、記者として幸運だった。青森県、秋田県の青秋林道建設反対運動は、同時期に別々に発生し、同時スタートした。振り返って、林道を中止に追い込んだ青森、秋田県の自然保護運動は「入山禁止」が目的ではなかったはずだ。筆者の問題意識の始まりは、そこにある。

新聞社の現職は退いたが、なお課題を残す白神問題から離れることはできない。白神山地のブナ原生林保護運動とは一体何だったのか、林道を中止させた1980年代の住民運動の動きを再現し、そこからもう一度、考えてみたい。あれから40年過ぎる。再び山の現場を踏み、住民運動に関わった人々を訪ね歩いた。現職時代、取材しながらも当時は公表しなかった取材メモを再現、なぜこうなったのか、秋田・白神の入山禁止問題を改めて問い直してみたい。

（表記について、数字は洋数字を基本とした。暦年は原則、西暦で。営林署は森林管理署に、秋田営林局は東北森林管理局に組織替え、名称も改称されたが、本書では、その時々のままに記載した。取材対象者の肩書も同様に対処した。敬称は「氏」と「さん」を、その場その場で使い分けた。写真は、提供写真と明記したものを除いて筆者による）

第一章

再訪・青秋林道

二ツ森・終点

梅雨の季節、束の間の晴れ間を期待して林道を行く。車と言っても軽トラック、運転手は成田一二三（ひふみ）さん（1953年生まれ）だ。筆者は助手席に乗る。雨で路面が濡れる中、カーブ、カーブの連続する山道を、2人を乗せた軽トラが走った。

「ここに来るのも久しぶりだなあ。ブナが大きく育った。幹が白いのはダケカンバ。白い花を咲かせているのがミズキで、9月になれば黒い実を付ける。クマはミズキの実が大好物で、搔（か）き集めるようにして食べるんだよ」

車中、成田さんはそんな話をしてくれた。

そこは秋田県八峰（はっぽう）町、真瀬（ませ）川渓谷に沿って林道は進む。初めは緩い坂道、やがて渓谷から離れ、青森県境の山並みに向かって上り坂になる。目指すは林道の終点だ。

今、林道の周囲は森に覆われているが、かつては青森県との県境まで木は切り尽くされ、一帯は裸山だった。林道から枝分かれして急斜面の至る所まで作業道が作られ、ブナを切り倒し、跡地に杉の苗木を植えた。しかし、ここは日本海側の豪雪地帯、若い杉の木は、無残なほどまでに雪崩でなぎ倒された。40年前の当時、私は青森県側で白神山地、林道建設問題の取材をしていたが、一度だけ、夏休みを利用して秋田県側の林道工事の先端部分を見に来たことがある。それがこの場所だった。見渡す限りの裸山、植林された杉の木々は風雪でなぎ倒され、茶色に枯れ、朽ち果てていた。まるで山に打ち捨てられた木の墓場である。その光景に目を覆った。

当時の人々は、なぜ奥山まで林道を延ばし、木を切り尽くさなければならなかったのか。その原因を探るならば、太平洋戦争の記憶にさかのぼらなければならない。

※

米国や欧州の列強、アジアの国々を相手に戦争を起こして敗北したニッポン（1945年）。敗戦の痛手から立ち上がろうと、人々は「国土復興」のスローガンの下、懸命に働いた。交通網の整備が重要と、河川をまたいで橋を架け、山をくり抜いて鉄道や道路を延ばした。エネルギー源には電気が必要と、川をせき止め、次々とダムを造った。多くの日本人は、豊かさを求め「経済成長」に向かって突き進んだ。「自然に人間が手を加え、開発して利益を得る」のは、誰もが当然のことのように考え、受け入れた。

山の木も、切っておカネに替える。それが当たり前の時代だった。林道も奥山へ奥山へと延びていき、ついには稜線を越え、天空との境まで達しようとしていた。

「青秋林道」は、秋田県の八森（はちもり）町（現八峰町）と青森県西目屋（にしめや）村を結ぶ総延長28・1キロ（後、ルート変更で29・6キロ）の林道で、秋田、青森の県境をまたぐ。その間に大きく横たわるのが白神山地の山塊、未踏のブナ原生林帯だった。奥山を切り開き、ブナを伐採して里に下ろし、製材所に運んだ。ブナは落葉喬木。春、淡緑色の花を開き、秋に実を付ける。樹木は硬く、用材には適せず、切られたブナは、かつてはリンゴ箱の材に、その後は家具材などに使われた。青秋林道は、そのブナを切り出すのが目的で計画された。

１９８２年、青秋林道の工事が着工した。林野庁の補助事業で、事業主体は秋田県と青森県。そこで林道工事に「待った」をかけようとする自然保護運動が、工事着工と時を同じくしてスタートした。両県で、別々に同時に自然保護団体が結成され、反対運動が本格化していく。以来、事業を推進しようとする行政と、これを阻止しようとする自然保護団体との駆け引き、激しい攻防戦が展開された。

林道建設の推進か阻止か、攻防戦の天王山は１９８７年秋に展開した異議意見書集めの署

ニツ森登山口の青秋林道・終点。自然保護運動で林道はここで途切れた

名運動だった。自然保護団体が建設反対を訴え、新聞、テレビも連日、「ブナを守れ！」とキャンペーンを展開した。林道工事にストップをかけ、ブナ原生林を守ろうとする自然保護運動は人々の共感を呼び、全国から1万3202通の異議意見書が寄せられた。わが国の林政史上、空前にして最大の規模。特に林道の工事予定地の下流に住む青森県鰺ケ沢町・赤石川流域住民は有権者の半数に迫る1024通を提出、林道建設に「待った」をかける意思表示をした。住民の「地元意志」が大きく作用。これを受けて当時の青森県知事・北村正哉氏が英断をもって青秋林道の「中止」を決断した。ブナ原生林保護運動は白神山地の世界遺産登録へ道を開き、何より国民の森を守る大切さ、環境問題を考える大きな契機となった。戦後史に刻まれる自然保護運動として人々に記憶された。

しかしその後、白神問題は思わぬ方向に展開していく。

※

成田さんと2人で乗った軽トラが行く。ようやく青森県境にそびえる二ツ森（1086メートル）の登山口近くにある青秋林道の「終点」に到着した。途切れた林道。その先、茂みの中に「林道建設は、国民的反対運動で中止された」と刻印された碑が置かれていた。

二ツ森の登山口には避難小屋が作られていた。霧雨が続き、なかなか晴れてくれない。周囲は中国絵画を思わせる墨絵の世界だ。「北に稜線を越えれば、向こう側（青森県側）は赤石川源流の泊沢や滝川に下りる。東へ越せば粕毛（かすげ）川（秋田県側）だ」と成田さん。そうこうするうちに大雨になった。避難小屋で休み、周りのブナやダケカンバの林を歩いたが、雨が止まないので下山した。そこから、八峰町の国道沿い、日本海を見渡すレストランに入った。

峰浜のクマ撃ち

成田さんは地元・秋田県の峰浜村（現八峰町）生まれ。本職は大工さんだ。大工業の傍ら、若い頃から山を歩き、ライフル銃を肩にクマ撃ちをした。「峰浜のクマ撃ち」が成田さんだ。フィールドは秋田側の真瀬川、粕毛川、青森側の笹内（さざない）川の源流域。成田さんばかりではない。「昔は山仲間がたくさんいた。クマ撃ちをする人たちが、ここらあたりでも何人もいた」と言う。

青秋林道の反対運動が始まると、成田さんに声がかかった。自然保護運動の一員としてではなく、報道陣が現地取材で山に入る際、荷物を担ぐポーター役である。記憶をたどるようにして当時の山行の様子を話してくれた。
1985年4月末、白神山地に入った。メンバーは次の各氏（敬称略）。
▽本多勝一（朝日新聞編集委員）
▽岡島成行（読売新聞記者）
▽工藤父母道（ふぼみち）（日本自然保護協会主任研究員）
▽根深誠（弘前市、登山家・会社勤務）
▽泉祐一（秋田県庁自然保護課勤務）
▽藤井忠志（岩手県、教員）
これにポーターとして成田さんが加わった。

本多勝一さんは長野県出身で、京都大学の農林生物学科で学んだ。朝日新聞に入社、「カナダエスキモー」などの民族ルポを連載、若い記者時代から注目される。次いでベトナム戦争の取材に入った。戦火に追われる民衆の姿を描き、米国の軍事侵略を批判。「中国の旅」では太平洋戦争中に起こした日本軍による虐殺事件を取材、加害の責任を追及した。山岳遭難事件や環境問題、教育問題、高校野球論と、そのペン先は幅広い分野に及ぶ。戦後日本を代表するスター記者だった。自然保護関係者は、本多さんに白神山地の記事を書いてもらい、林道建設反対運動を「東北版」から「全国版」にして世論を喚起しようという狙いがあった。「それでは、まず現場を見なくては」という本多さんの希望で、白神の山行が企画された。

初日、峰浜村の小学校の国道わきにメンバーが集合した。車2、3台に分乗して青秋林道に入る。成田さんはテント、食料、鍋釜、酒類を背負った。林道の途中で下車、徒歩で登山を開始した。二ツ森の稜線西側に窪地を見つけてテント2張りを張る。夜の部は、メンバーの多くは初対面なのに大いに盛り上がった。山の話ばかりでなく、それぞれの趣味の話から、よもやま話をした。政治の話はなし。山行2泊分で用意したビールと日本酒を「その夜一晩で、全部飲んでしまった」と苦笑する。酔いに任せた快適な初日の夜だった。

2日目、県境の稜線を越える。急激に雪解けが進む時季、尾根伝いの雪は1メートルほど、堅雪で歩きやすかった。いでたちは冬山スタイルだが、アイゼンは着けず、登山靴で登った。青森県側に入って滝川に下りる。リーダーを、誰と決めたわけではないが、自然、地元の山を知る根深さんがリーダー役を務めた。ノロの沢を過ぎ、赤石川に出た。テントは、荷を軽くするために1張りを秋田県側の二ツ森の山中に残してきた。その夜は1張りで、大の大人7人がテントに入ってぎゅうぎゅう詰め。2日目の夜、酒はなかった。

3日目、赤石川を渡渉する。雪解け水で増水、腰まで水に浸かった。「足が凍るように、とんでもなく冷たかった」と言う。マタギ小屋のあるヤナダキ沢を越え、暗門（あんもん）

川に出ようとすると、源流部の妙師崎（みのしざき）沢を行く時、工藤さんが足を滑らせ「あああッ」と滑落しそうになった。助けに行った根深さんも、工藤さんの腕をつかもうとして「あれれツ」と足を滑らせる。2人一緒に滑落した。高さは10メートル。その様子を見ていた他のメンバーは大笑いだ。暗門川は雪解け水で増水し、ザイルを使って渡渉した。西目屋村に出て、弘前市へ抜けた時はもうすっかり夜になっていた。

（成田さんはすぐに秋田側に戻り、翌日、テントや飲み干した大量の酒瓶を回収するために、1人で再び二ツ森に登った）

山行の3日間は天候に恵まれ、青空が広がった。北に岩木山、東に八甲田山、南に森吉山、実によく見渡すことができた。山域全体が、とてつもなく大きくて広い。秋田側の白神を舞台にクマ撃ちをしてきた成田さんだが、青森側の白神を本格的に歩いたのは初めてのこと。ジャーナリストや自然保護運動に取り組む人たちをサポートしての山行は、忘れがたい思い出となった。

「本多さんは温厚で優しい目をした人だった。岡島さんは健脚。根深さんは本格的に登山をやった人で体力があった。工藤さんは体が大きいので、やっとついてきている感じだった」。ベテラン揃いの山行だったが、雪渓から川に落ちたり、待ち合わせ場所に行ってもおらず、行き違いになったりと、小さなトラブルは幾つもあったという。

本多さんは先に述べた通り、著名なジャーナリスト。岡島成行さんは横浜市出身で、上智大学時代、山岳部に所属。読売新聞社に入社後はヒマラヤ・チョモランマ登山隊に同行取材するなどして環境ジャーナリストと知られた。工藤父母道さんは北海道小樽市出身で、東京・虎ノ門の日本自然保護協会の本部にいて、霞が関の官僚、行政当局、文化人やマスコミ関係者との交渉に当たった。青秋林道反対運動を主導した人物だ。

根深誠さんは、青森県側で林道反対運動を立ち上げた人。明治大学山岳部で鍛えられ、エベレスト遠征に参加した経験を持つ。山仲間や山で知り合ったマタギたちまで、幅広い人脈を使って反対運動に献身した。泉祐一さんは、故人となったが、保護運動のシンボルに掲げたクマゲラ（日本最大のキツツキ、天然記念物）の研究で知られ、同時に秋田県庁自然保護課にあって行政側の情報を把握、舞台裏で保護運動を支援した。藤井忠志さんもまたクマゲラの研究の第一人者であり、反対運動を通じてクマゲラ保護を訴えた。この時のメンバーこそ、その後の白神山地のブナ原生林保護運動で大きな力になった人たちだ。

成田さんは、荷物の運搬を担うポーターを務めた。本多さんたちの取材の後、各方面からポーター役にと取材協力の依頼が殺到した。「あの年は山にばかり入って、本業はほとんどできませんでしたよ」と語る。成田さんこそ、ブナ林保護運動の陰の立役者であった。

山が遠くなった

あれから幾年もの歳月が過ぎた。成田さんに最近のクマ撃ち事情や、青秋林道建設の反対運動を振り返り、話していただいた。

「(2018年11月のこと) 秋も深まった頃、ライフル銃を持って1人で山に入った。200メートル先にブナの枝の陰でクマが餌を食べている様子が、うっすらと見えた。10歳ぐらいの雌だと思う。『ドーン』と撃った。1発目は腹に当たって貫通した。雌クマは崩れ落ちて、20メートルぐらい沢側にずり落ちた。私は木に隠れて様子をうかがった。トドメに2発発射、首に当たって絶命した。130キロはありそうだ。その日は後ろ脚1本を切り落とし、自分で持って下山した。翌々日、仲間3人を誘って山に入り、残りを解体、回収して山を下りた(念のためだが、その場所は鳥獣保護区ではない)」

「高齢化が進んで奥山に入れる人など、もういなくなった。白神山地の核心地域は、たとえ入るにしても遠すぎる。中でクマを仕留めても、100キロを超すクマの肉を持って来られる体力のある人は、もうどこにもいない。私は若い方だが、高齢化であと10年も過ぎれば、クマ撃ちは誰もいなくなるだろう。いずれ、クマが出たら自衛隊に出動を要請する時代になるかもしれない(笑)。誰もいなくなるのだから、無理して山を立ち入り禁止にする必要などなかった」

「青秋林道が中止になったのは、青森県知事が決断したからだ。でもなぜそうなったのか、青森側の舞台裏でどんな駆け引きがあったのか、秋田側にいては、誰も何も分からないことだった。さらには、なぜ秋田側だけ立ち入り禁止にしたのかも分からない。民間での議論など何もなかった。一般人は、経過も理由も分からない。『入山禁止になった』という結果を聞かされただけだった。後で聞けば、入山禁止は秋田営林局の計画課長から出た話だという。しかし、おかしな話である。それまで営林局は青秋林道の建設を推進していたではないか。なぜ建設を推進した側を批判もしないで、入山禁止を受け入れたのか。私にはどうしても理解できない。世界遺産になったら、クマ撃ちは『自粛して』と言われた。その後、鳥獣保護区に設定されて、クマ撃ちはもうできなくなった。

青秋林道は中止になり、白神山地は世界遺産になったが、その結果、奥山の林道に、人が入らなくなった。道が雑木で覆われ、雑草が茂り、荒れる一方。山に入りにくくなるばかりで、何もいいことはない。青秋林道は、かえってできた方が良かったと言いたいぐらいだ。林道が整備され、車が通れれば、人が出入りできる。昔のようにクマ撃ちもできただろうに…」

何のための林道反対運動だったのか、運動を陰で支えた成田さんは不信感を隠さない。「そんなはずではなかった」と―。

取材の前夜、宿泊したのはＪＲ五能線・八森駅の山手側、日本海の見える丘にある民宿だった。青秋林道の入り口近くにある。民宿のおかみさんは、こう話していた。

「うちでは、真瀬川の渓流釣りに来るお客さんが一番多いですね。二ツ森に登って白神山地のブナの森を見るのを目的に来る人は、1年でせいぜい2、3組でしょうか」

八森駅前の商店街を歩いた。ほとんど人が歩いていない。たまに人を見かけても、高齢者がほとんどだ。この町に限らず、白神山地周辺の市町村は、いずれも急激な過疎化が進んでいる。人がどんどんいなくなっているのだ。そこで「白神は、人が入ってはならない山」というイメージを植え付けることが、どれほどの意味があるというのだろうか。

未踏の原生林

【自然】

白神山地は東西約60キロ、南北約40キロの広がりを持つ。西から秋田県側が八峰町、能代市、藤里町、大館市、青森県側が深浦町、鰺ケ沢町、西目屋村、弘前市の8市町村に及ぶ。人家は、ない。

山域の多くは第三紀の地質からなる。およそ2500万年前から900万年前の時代、火山性の凝灰岩と、泥岩などの堆積岩でできた。第四紀以降、それまで深い海底にあった白神山地が隆起を始めた。隆起速度が激しく、100万年の間に1000メートル程度隆起したという。もとは泥や砂だったので軟らかい。全体に地滑り地形が多く、地層の間から、浸透した水が湧き水になって川に流れ込む景観がよく見られる（青森県の1986年度白神山地自然環境調査などによる）。

西から東に白神岳、向（むかい）白神岳、真瀬岳、二ツ森、雁森（がんもり）岳、青鹿（あおしか）岳、小岳、尾太（おっぷ）岳などの山々が連なる。最高峰の向白神岳でも1243メートルで、全体が600~1000級の山々。それほど高度がないため、稜線から山頂部までブナの森が分布しているのが特徴だ。森の中に、クマゲラやクマ、カモシカ、サル、テン、ノウサギ、シノリガモなど数多くの野生動物が生息する。

厳冬の白神山地、青森県側・尾太岳より見る。左奥へ秋田県境の山並みが続く

白神山地のもう一つの特徴は、渓谷美だ。秋田側は粕毛川が南流、青森側は笹内川、追良瀬（おいらせ）川、赤石川、大川が北流している。それぞれの河川が大量の雪解け水や雨水を集め、軟らかい地質を削るようにして流れる。大川水系の暗門の滝や赤石川水系のくろくまの滝など多くの滝をつくり、渓谷美を競っている。渓流は

イワナの宝庫だ。

【歴史・民俗】

この項を「未踏の原生林」としたが、もちろん厳密には、人が誰も入らなかったわけではない。マタギ道があり、狩猟民は自由に山を歩いた。鉱山が各所にあり、古くから秋田と青森の間を人が行き来し、杣道（そまみち）は暮らしの道として利用されていた。西海岸、日本海側の人々との交流もあった。

ブナの森が形成されたのは8000—9000年前とされる。縄文時代の人々は木の実を集め、クマやカモシカを捕り、森の恵みで生きた。縄文人の血を引くのが狩猟民のマタギたちで、彼らは狩猟や漁労、山菜やキノコ採集のために山に入った。津軽藩の時代、藩境警備にマタギ集団を動員した記録が残っている。津軽藩は隣国の南部（盛岡）藩と長く対立関係にあり、戦になった場合、白神山地が陸路で他領に抜けることのできる唯一の脱出路だった。津軽藩はマタギたちに山を歩き狩猟をする特権を認めながら、間道の管理や山の案内人の役割を託したのである。

マタギ最大の獲物はクマである。積雪期、残雪期の山に入る。マタギの頭領をシカリと呼ぶ。シカリを中心に5、6人で一つの組をつくり、岩場や尾根をぐるりと囲んでクマを追い立て、出てきたところをタテ（槍）で突き刺す。これが伝統の「巻き狩り」だ。山中でクマを平場に下ろして解体、クマ肉は全員で平等に分けた。クマの胆は換金する。万病に効くクマの胆は貴重な現金収入になった。

江戸時代は、クマ撃ちに火縄銃が使われた。明治時代に国産の村田銃が開発され、日清戦争で大量に使われた。日清戦争が終わると、マタギたちは陸軍から村田銃の払い下げを受け、猟に使用した。太平洋戦争後、村田銃はやがてライフル銃に取って代わった。

縄文時代以来の伝統的な狩猟民の暮らしを変えたのは、戦後の高度経済成長だった。昭和30年代、そう、東京オリンピック（１９６４年）が開催された時期を境に、日本は変わった。日々の暮らしに電気製品が入った。車を持つようになると通勤、通学、レジャーに使われ、活動の範囲が急激に拡大した。生活は確かに豊かで便利になった。しかし白神山地は、高度経済成長に取り残されるように、ひっそりたたずむ。日本人の暮らしが豊かになり、登山熱も上がったが、白神山地は山頂まで森の続く山だからこそ、中央のアルピニストたちの興味を引くこともなく、依然としてマタギの人たちしか入らない秘境の山塊であった。

森の静寂を破ったのが、未踏の原生林を縦断する青秋林道建設計画だった。１９８０年代、自然保護、住民運動が高まり、林道建設を阻止、一躍クローズアップされることになった。

【世界遺産登録】

先に述べたように山域のブナ林の規模は13万ヘクタール、１９９３年、中心部（核心地域

＋緩衝地域）が、秋田県側４３４４ヘクタール、青森県側１万２６２７ヘクタールが、わが国の世界遺産登録第1号となった。しかし山の管理の在り方をめぐって、秋田側と青森側に食い違いが出た。両県がまとまらず、１９９７年7月から秋田側は「原則、入山禁止」、青森側は「指定ルート（27区間）を設定した許可制入山」でスタートした。青森側は自然保護団体の要望と森林管理署の判断が合致して２００３年7月から「届け出制」に改正された。

なぜ両県で食い違いが起きたのか。

面積が違う。秋田と青森の面積比は1対3である。秋田側の世界遺産登録区域は実質、粕毛川の源流域ばかりだ。青森側は笹内川、追良瀬川、赤石川、大川の4本の河川の源流域が世界遺産に登録されている。全体の4分の3を占める。仮に「入山禁止」するとしても、青森側は影響が大き過ぎる。

秋田県は、かつて林業王国だった。秋田営林局管内が、木材生産のトップの実績を保持していた。「ブナ退治」とまで言われた時代、秋田のブナを切りまくり、ついにはほとんど切り尽してしまった。残りのブナはわずか。そうなれば「最後のブナを守れ」という人間の心理が働いたのかもしれない。

これに対して、青森側は開発が遅れた分、秋田側に比べて広範囲にブナが残った。森の恵みの中で生きるマタギたち、マタギの後裔たる山住みの村人がいた。山菜の乱獲はしない。獣たちに対しても、余分な殺生はしない。自然と共生した伝統的な暮らしを守っていた。その人たちを「入山禁止」と言って締め出しては、本末転倒であろう。

私は若い新聞記者時代、厳冬のマタギ集落に入り、マタギの物語を取材した。薪ストーブで暖を取りながら炉端でシカリの体験、昔語りを聞いた。クマを追い立てる巻き狩りの仕方、クマを解体する時の儀式、カモシカと格闘した体験、山小屋に出た化け物女の昔語り。聞いていて、実に楽しかった。マタギの暮らしと伝承、それ自体が「文化遺産」だ。秋田・白神には、そのマタギ文化、伝承はほとんど残っていなかった。

秋田側と青森側、その食い違いの理由を、私は当時、同業者の記者仲間にこう例えて話した。

「秋田と青森には、『万里の長城』より高い壁がある。その壁こそ『白神山地』だ。秋田と青森、人と人の交流、歴史を、県境を広大な未踏の原生林、白神山地が分断してきた」

ことさら両県の食い違いを強調するのは本意ではない。しかし、それが実際だった。食い違いがあったからこそ、青秋林道は中止になった。だからこそ、その後の白神山地の管理計画は、迷走に次ぐ迷走を繰り返してきたのである。

第二章

「入山禁止の役割は、もう終わった」

弘前で世界遺産懇談会、見直しを提案

２０２０年1月31日夜、弘前公園（城跡）の一角にある市民会館で「白神山地世界遺産地域連絡会議による懇談会」が開かれた。世界遺産地域連絡会議は環境省、林野庁、秋田、青森両県などでつくる。白神の管理の在り方をめぐって住民、自然保護団体から意見を聴く場として設定された懇談会で、約50人が集まった。民間から白神の管理の在り方について意見を聴くよう求めていて、その機会が初めて設けられた。

この場で、「青秋林道に反対する連絡協議会」の元会長の村田孝嗣（たかつぐ）さんと、本書の筆者である私は、共同で「秋田県側の入山禁止の見直し」を提案した。

①村田孝嗣さんの訴え。

「白神山地世界自然遺産管理計画検討委員をしていた当初から『白神の自然を人間から遠ざけて保護するのではなく、人々が自然に親しみながら白神の自然を維持管理することが重要だ』と述べてきました。

今、世界は、持続可能な開発・利用に向かって動いています。白神山地の管理計画も、入山規制によって自然を保護する管理計画から脱皮し、自然遺産としての質の高い白神山地の自然に広く、末永く親しんでもらうための管理計画に進化して欲しいと願っています。このままでは、人の姿のない白神山地の自然は残せても、白神山地を大切にする人を育てることができません。多くの人の目で、白神山地の自然を見守っていくことこそ大事です。

秋田県側も、核心地域の入山禁止を見直し、届け出制に移行するよう提案します」

②筆者の訴え。

「秋田県側の入山禁止は、もう役割を終えました。地方は急激に過疎化が進み、日本全体が人口減少し、白神山地の入山者も年々減っています。1993年、白神は世界遺産になりましたが、例えばそれから間もない1995年11月28日放送の特集『NHKクローズアップ現代』では、年間の観光客を500万人と予想しています。NHKに限らず、当時は各マスコミが『入山者、観光客が急増して荒らされる』といった報道をしました。ところが、最近の入山者数は2万4000人程度です。

入山禁止は、秋田県側の核心地域に限っての話なのに、秋田、青森の白神山地全体が入山禁止になっているかのようにとらえている人がたくさんいます。東京から見れば、秋田と青森、どっちがどっちなのか区別のつかない人がたくさんいるでしょう。私の山歩きの友人にも『白神は入れないんでしょう』と言う人が何人もいます。

同じ山なのに、自然条件も同じなのに、管理の在り方が異なるのは不自然です。秋田県側も入山禁止を見直し、青森県側と同様に、届け出制でいいのではないか。急激な過疎化が進み、このままでは、白神山地がどういう山なのか、知る人も、案内できる人もいなくなってしまいます。

30年以上前に取り組まれたブナ原生林保護運動は、入山禁止にするために闘ったのではない。入山禁止は、自然保護運動の目的を反映したものではない。このままでは、自然保護運動の歴史をゆがめてしまうことになってしまいます」

村田孝嗣さんは1949年生まれで、この時70歳。闘病中で懇談会に出席できなかったため、筆者がメッセージを代読した。村田さんは弘前市在住で、元中学の理科教師。青森県側の原生林保護運動で中心となった青秋林道に反対する連絡協議会の3代目会長で、青森側の中心人物の一人だった。

（筆者は自然保護運動が高揚した当時、青森支局にいて青秋林道に反対する連絡協議会の闘いを取材、新聞紙上で原生林保護のキャンペーンを展開した。本社のある仙台市に戻り、

新聞社を定年退職後は、自然保護団体「白神逍遥（しょうよう）の会」をつくり、白神問題に取り組んでいる）

弘前で開かれた世界遺産懇談会では、村田さんと筆者の共同提案を発表した後も、地元の自然保護団体から「規制緩和」を求める声が相次いだ。それに対して、行政側の世界遺産連絡会議の担当者は以下のように回答した。

「白神山地の管理計画は、見直しを前提とした試験的措置であり、今後、必要に応じて見直していく位置づけになっている。期限を定めず慎重に検討を続ける。秋田県側でも行政に対するパブリックコメントで入山禁止の見直しを求める意見が出ている。意見交換を重ね、どのようなニーズがあるのか把握していきたい」

この日の懇談会のやり取りは、地元紙・東奥日報に「秋田側からの入山／住民『規制緩和を』」の見出しで報道され（2月2日）、テレビ局・RAB青森放送がニュース番組で大きく取り上げ、青森県民に伝えられた（2月3日）。しかし、秋田県側に、このニュースは伝わって

入山規制緩和を求める声が相次いだ世界遺産懇談会のニュースを伝えるRAB青森放送＝2020年2月3日

いない。

白神山地の管理計画が設定、実施されたのは、世界遺産登録から4年後の1997年7月1日だった。管理計画のポイントは以下の通り。

★秋田県側の核心地域は「基本的に入山を遠慮してもらう」(原則、入山禁止)」

★青森県側の核心地域は「指定27ルートについて許可制で入山を認める」(後、届け出制に変更)。

★管理計画は、見直しを前提とした試験的なものである。見直しは「2年後」とした。

管理計画を設定した当時、何十万人になるか何百万人になるか分からない登山者急増に対する強い危機感が前提にあったのは事実だった。例えば、管理計画策定を前にした秋田県側の世界遺産地域懇話会では「委員から、世界遺産登録後も釣り客による核心地域の水源への侵入、ごみ投棄が目立ち、罰則など厳しい規制がなければ核心地域を保護できないなどの意見が出された」(秋田魁新報1997年3月10日付)、実施前日の記者会見では、環境庁の担当者が「自然環境の保全を第一に考え、人為的影響が小さいと判断したルートに限り入山を認めた。入山解禁で環境に悪影響が出るようであればルートの閉鎖なども検討するとしている」(同7月1日付)と応えている。

しかし、それから幾年もの年月が経過した。その結果、入山者は予想と逆に激減している。「計画の見直しを前提としている」のであれば、計画設定時点とその後の状況の変化を見るべきだろう。そのための検証が必要だ。本書は、まずその点を軸に書き進めたい。

入山者が減った

先に述べた弘前での世界遺産地域連絡会議・懇談会では、重要なデータが盛り込まれた【遺産地域及び周辺部の入山者数】【巡視活動の状況】が、自然保護団体側に報告された。それぞれを見てみよう。

【遺産地域及び周辺部の入山者数】

環境省は、基礎データを把握するために2004年、世界遺産登録区域をぐるりと囲む形で、それぞれの登山口に赤外線式センサーを設置、入山者をカウントしている。設置個所、入山者数は、以下の通りだ。

▼青森県側

①暗門の滝・渓谷ルート②高倉森入り口③津軽峠④天狗峠⑤一ツ森峠⑥崩山⑦白神岳⑧櫛石山⑫大川⑬暗門の滝・ブナ林散策道

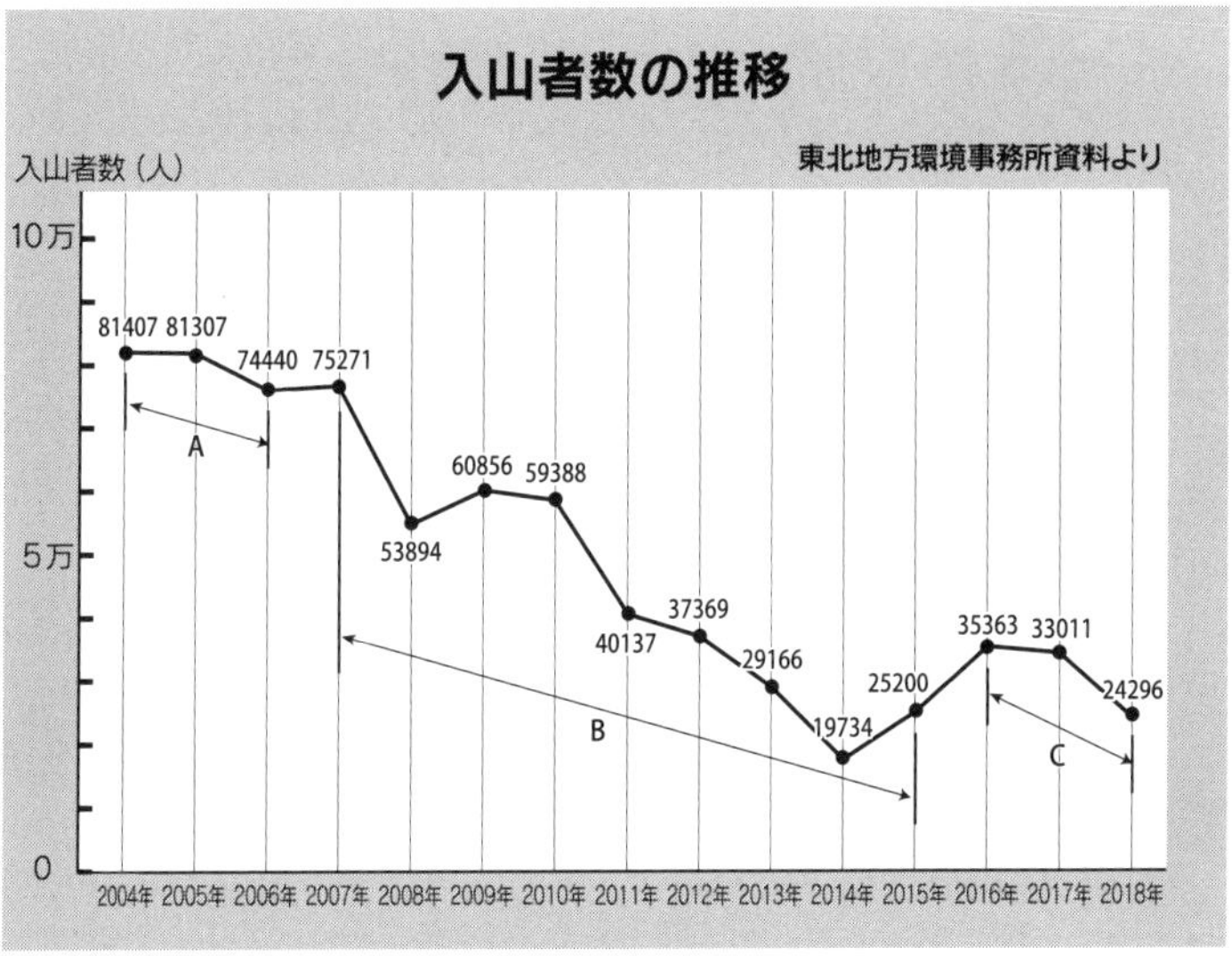

▼秋田県側
⑨二ツ森⑩小岳⑪岳岱

（上の表、Aは①～⑪の合計数、Bは①～⑫の合計数。Cは①～⑬の合計数）

グラフを見て分かるように、入山者数は2004年が8万人台だったのに、以後、登山口にセンサーの設置個所を増やしたが、減少傾向が続き、2018年は2万4296人まで減少した。入山者数の8割は青森県側が占める。そのうちの7割は⑬の暗門の滝周辺になっている。2015年、暗門の滝ルートで崩落事故が起き、3人がけがをした。以後、入山者の多くが、暗門の滝ルートのすぐ脇にある既設の⑬のブナ林散策道を利用するようになった。1周約2キロの散策道で、ここは

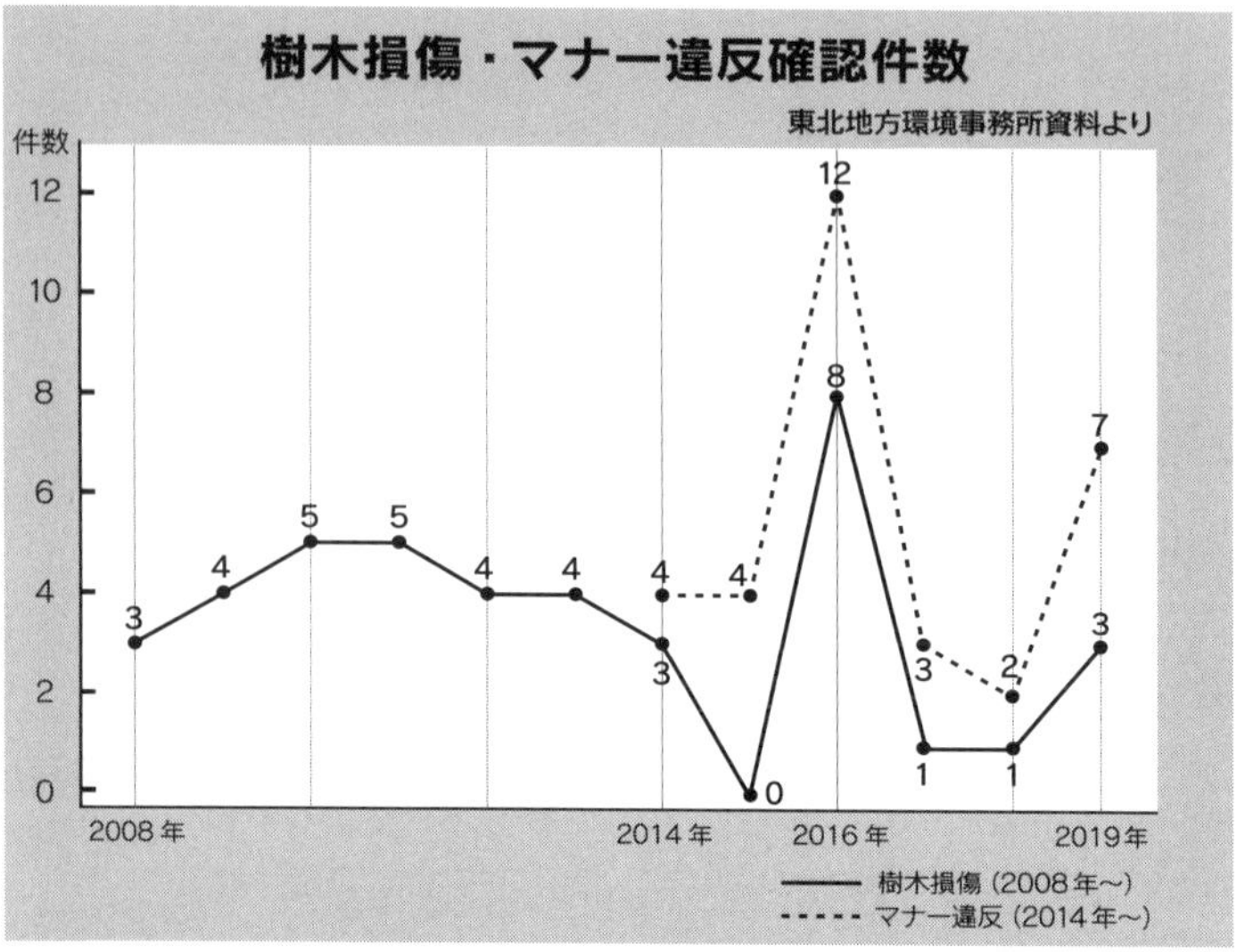

初心者コースである。

【巡視活動の状況】

環境省、林野庁、両県は、ボランティアの人たちと山域を回り、マナー向上の啓発行動に取り組み、違法行為やマナー違反の確認を行っている。巡視活動の延べ人数は、２０１９年の場合、秋田県が２８３人、青森県が８５０人になっている。２００８年以降、「樹木損傷」、２０１４年以降は「マナー違反」を加えて、巡視活動の結果をまとめたのが上のグラフだ。

秋田県側では、禁漁になっている粕毛川で釣り針の袋が見つかったり、自動撮影カメラに釣り人と思われる者の姿が写ったりしている。青森県側では、焚火が禁止されている赤石川の河原で焚火跡が見つかったり、暗門の滝周辺で、歩行の邪魔になったのか歩道沿いのイタヤカエデが伐採されたりした例がある。ほかに、入山した年を記念してかブナの幹に「平成三十年」と文字を刻んだり、ブルーシートを放置したりした例が写真を添えて報告された。

グラフを見ると2016年が両県で計20件となっているが、違反件数は例年、3～7件程度、ほぼ1桁以内で推移している。確かにマナーを守らない人間はいるものだ。いくら啓発活動に取り組んでも、ゼロに落とすのはなかなか難しい。しかし白神は東西約60キロ、南北約40キロと面積は広大だ。その中で、年間で1桁台の樹木損傷やマナー違反の件数が、声高に「入山者による自然破壊」と言うほどのものなのか。あるいは「まだまだマナーがなっていない。立ち入り制限を継続、強化すべきだ」ととらえるのか、どちらが正解なのか、私は本書の読者に問いたい。

人口減少の時代

登山者が減っている。白神ばかりではない。それは全国的な傾向だ。中高年登山は盛んだが、中高年者は、やがて山登りからリタイアせざるを得ない時期が来る。一方、若者が山に行かなくなった。個人の趣味、志向は多様化し、大学の多くの山岳部では部員が入らず四苦八苦、スキー場でも利用者の若者離れが続いている。全国で少子化が進み、子供の絶対数が減っているのだから当然と言えば当然だ。

白神は特に「入山禁止」のイメージが広がってしまったのが大きい。白神全体が「行ってはならない山」と思い込んでいる人に、私は何人も会った。例えば東京に住む友人の山ガールは、こう話している。

「世界一のブナ林だというから行ったのに、十二湖（青森県深浦町）を見て帰ってきただけよ。山に入れないんだったら、二度は行く気になれないわ。がっかりしちゃった」

青森側は、届け出制で入れるのを知らなかった様子だ。データを取った例はないが、秋田側の入山禁止が、青森側の入山者減に影響しているのは容易に想像できる。

地元住民も山に入る人が減っている。

秋田県の人口は１９５６年の１３５万人をピークに減り続け、近年は人口減少率全国一を更新中。総務省が２０２０年発表した２０１９年10月現在の人口は96万人で、この年も人口減少率は全国一高いマイナス１・48パーセント（前年比）となっている。一方の青森県も１９８３年の１５２万人をピークに減少、２０１９年10月現在で１２４万、人口減少率１・31パーセントで、秋田県に次いで全国で２番目に高くなっている。白神周辺の市町村は特に過疎化が激しい。秋田県も青森県も、山を囲む地元住民の人口が激減しているのだから、どちらも入山者、山の利用者が減るのは当然のことだった。

東北自然保護のつどい

1978年2月、盛岡市で全国自然保護連合東北ブロック会議が開催された。参加したのは田中洋一（青森＝青森の自然を守る連絡会議）、中田敏（岩手＝岩手の野生動物を守る会）、佐久間憲生（山形＝出羽三山の自然を守る会）、本尾真（宮城＝蒲生を守る会）、星一彰（福島＝福島県自然保護協会）の各氏（秋田県はこの段階では参加していない）。この会議で顔を合わせたのをきっかけに結成されたのが「東北自然保護団体連絡協議会」だ。

時は戦後高度経済成長期のほころびが出始め、オイルショックと続く時代、「消費は美徳」とうたったライフスタイルを見直し、それまでの価値観とは180度転換したものが一人一人の生き方に求められる時代になっていた。しかし、既定の巨大開発計画は修正されることはなく推し進められた。東北でもダム建設やスキー場開発、大規模な森林伐採、干潟の開発、海洋汚染などさまざまな問題が起きた。各地で起きた問題を、みんなのものとして考えようとつくられたのが東北自然保護団体連絡協議会で、「組合運動のような上意下達の形はとらない」「会長ポストは置かず、草の根の連携を図ろう」という趣旨の下、1980年秋、山形県で第1回「東北自然保護のつどい」を開催。以後、東北6県持ち回りで年1回、開催している。参加者は50～100人。

青秋林道建設計画で危機迫る白神山地ブナ原生林の保護問題が東北自然保護のつどいで初めて取り上げられたのも（1982年）、入山禁止問題で激論が交わされたのも（1998年）、世界遺産懇談会で、筆者自身に秋田県側の入山禁止見直しを訴えるきっかけを与えてくれたのも（2016年）、この東北自然保護のつどいの場であった。ここでは、白神山地の入山禁止問題を中心に、東北自然保護のつどいを時系列で追ってみよう。（　）に、関連する主な動きを挿入した。

【東北自然保護のつどい】

・1980年─第1回東北自然保護のつどいが、山形県朝日村（現鶴岡市）で開かれる。16団体、40人が参加。1泊2泊で「野生鳥獣の保護」「自然観察会の自然教育」などをテーマに現地報告、討論が行われた。

・1982年─岩手県雫石町で開催される。秋田県藤里町の鎌田孝一氏が、「粕毛川の水源の森を守れ」と「青秋林道建設計画の阻止」を訴える。これを機に、白神山地を縦断する青秋林道建設反対運動は東北のブナ林保護運動の象徴となる。鎌田氏は、秋田市から参加した「鳥海山の自然を守る会」の奥村清明氏と話し合い、新しい組織を作ることを決める。

（1983年─秋田県側で1月、鎌田孝一氏らが発起人となり「白神山地のブナ原生林を守る会」を設立する。事務局長に奥村清明氏。4月、青森県側では根深誠氏らが「青秋林道

に反対する連絡協議会」を結成する）

（1985年―秋田市でブナ・シンポジウムが開催される）

（1987年―「青秋林道建設反対」の異議意見書の署名運動が展開される。第一次分を提出した段階で青森県の北村正哉知事が「青秋林道建設見直し」を発言、林道凍結に向かって急速に展開する）

（1990年―秋田営林局計画課長の橋岡伸守氏が、地元に白神の核心地域について「立ち入り規制」の方針を示す）

（1993年―白神山地ブナ原生林が、世界遺産登録第1号となる）

（1995年―弘前大学の牧田肇教授が、青森県側について「ルート指定の許可制入山」のたたき台になる「牧田私案」を発表、関係機関に実施を働きかける）

（1997年―秋田県側は「原則、入山禁止」に、青森県側は牧田私案を基にした「ルート指定の許可制入山」とし、管理計画を試験的にスタートさせる）
★入山規制・禁止を盛り込んだ管理計画が実施されるが、それ以降も、民間で、マスメディアで入山禁止の是非をめぐり、議論が続く。
・1997年―会津若松市の保養施設で開催される。参加者から「秋田・白神の入山禁止問題について、議論の必要性がある」と問題提起される。
・1998年―第19回大会。主管の「出羽三山の自然を守る会」が、前年の議論を継いで白神山地の入山禁止問題を真正面から取り上げることとした。開催地は鶴岡市の湯野浜温泉。入山規制・禁止派と、入山規制・禁止反対派が激論を闘わせた＝後に詳述＝。
・1999年―秋田県藤里町で開催。村田孝嗣氏が、青森県側の白神山地の入山方式について「許可制から届け出制への変更」を求めアピールする。
・2000年―青森県鰺ヶ沢町で開催。白神の管理計画に住民参加や森林再生、「許可制入山から届け出制への変更」などを盛り込んだ「白神2000プラン」が採択される。
☆2001年10月、東北自然保護団体連絡協議会に、第1回日本自然保護協会・沼田真賞が授与される。会場は東大・弥生講堂で、各県1人ずつ、鹿内博（青森）、望月達也（岩手）、福田稔（秋田）、佐久間憲生（山形）、秋田泰治（宮城）、高橋淳一（福島）の各氏が出席した。授賞理由は「東北地方のブナ林保護に貢献、東北各地の自然保護団体とのネットワークづくりは他の地方では例がなく、全国のモデルになった」とされた。
（2003年―東北森林管理局青森分局長の萩原宏氏の主導で、青森県側の入山方式を「許可制から届け出制」に変更する）

・2016年―第37回大会が、山形県庄内町で開催される。筆者が、「秋田県側の入山禁止を見直し、秋田、青森両県が届け出制で統一する」よう提案する。同時に牧田肇氏（弘前大学名誉教授）から預かった「入山禁止を見直し、秋田県側も届け出制に移行する提案に同意する」とのメッセージを読み上げ、参加者に報告する＝後に詳述＝。
・2017年―北秋田市・打当温泉で開かれる。筆者は秋田県側の入山禁止見直しを訴える。
・2018年―青森県西目屋村で開催される。白神山地の管理について「住民参加」の要望を採択。筆者は秋田県側の入山禁止見直しを訴える。
・2019年―第40回東北自然保護のつどいが、花巻市の大沢温泉で開かれる。各県の自然保護団体が40年の歩みを報告（秋田県は代読）。筆者は秋田県側の入山禁止見直しを訴える。
（2020年―弘前市で世界遺産懇談会が開催される。村田孝嗣氏と筆者が共同で「秋田県側の入山禁止を見直し、届け出制へ移行する」よう提案する）
・2020年―宮城県大会は、新型コロナウイルス問題の影響で延期される。

鶴岡集会で激論

入山規制・禁止か、入山規制・禁止に反対か、東北で自然保護に取り組む人たちは、どちらを支持するのか。一連の議論の天王山となったのが、先に述べた鶴岡市の湯野浜温泉で開催された第19回東北自然保護のつどい（1998年）の場であった。

主管の出羽三山の自然を守る会理事長の佐久間憲生氏が司会を務め、あいさつで「白神の入山問題は、何か腫れ物に触るような問題になっている。しかし、それは単に白神だけの問題ではない。自然保護団体が二つに分かれては、相手（林野庁、営林署）を利することになるのではないかという意味で、山形でシンポジウムを開催する運びとなった。今までこういう形で討論する場がなかった。意見の良し悪しではなく、お互いが共通認識を持ち、以後の東北自然保護のつどいに議論を引き継いで行きたい」と述べた。

この集会でどんなやりとりが行われたのか、振り返ってみよう。登壇した5人のパネリストの発言を、改めて要約すると次のようになる（傍線は筆者）。

・奥村清明氏

「青秋林道をストップさせ、世界遺産という成果も得た。皆さんの支援に感謝したい。青秋林道が着工されようとした時、秋田県藤里町で、子供たちを相手に緑の少年団活動をしていた鎌田孝一氏が『林道ができれば生活用水が悪化する』と最初に声を上げた。町の上流にあるダムに土砂が流入し、洪水の危険性が指摘された。なぜ、我々がブナ林の保護に携わったのか。『ブナ林を守る』という本を出して、ブナ林保護の理論的裏付けをした。ブナは縄文文化を育んだ。現代は自然を収奪する社会。縄文人の心に帰ろうというのが、ブナ林保護運動の目的だった。1985年、秋田市でブナ・シンポジウムが開催され、全国的に大きな反響を呼んだ。

青秋林道建設が中止になった頃、秋田県内に残されたブナ原生林は4800ヘクタールほどしかなかった。現状のままで残したいという思いから、世界遺産地域については、できるだけ入山を遠慮しましょうという申し合わせをした。この問題については、いろいろな打合わせを行い、世界遺産を話し合う懇話会でもそうした意見が大勢を占めた。秋田県側には、どうしても山に入りたい、入らせてくれ、という意見は出なかった。世界遺産の周りにも、少ないがブナ林はある。人為の影響を避け、子供たちに残したい。動植物の聖域として残したい。世界遺産地域に入らないと暮らせないという人は、秋田県側にはいないはずだ。秋田県側の方針が、各地のブナ林を守る運動の足を引っ張ることになるのかどうか、マイナスになるのかどうか、みなさんの意見を聞かせてほしい」

・牧田肇氏

「山は、非常に大事な資源のある場所である。動植物の資源があり、山菜を採る場所だったり、将来役立つであろう遺伝子資源の元であったりするとも言える。野鳥の観察や登山を楽しむ場所でもある。観光資源ということもできるかもしれない。それを総合的なものとして守っていこうという考えだ。

世界遺産というのは、一つの地域、あるいは一つの国だけのものにするのでなく、世界全体の人たちのものになる。白神山地が世界遺産になったということは、地方区だったのが、世界の人々の対象になった。これまでのような封建的な血縁社会では、山は非常に守られやすい。ところが、これが世界遺産になり商品経済社会に放り込まれると、非常に守りにくくなる。白神の自然の恵みを、なるべく多くの人たちに享受してもらうためには、やはり規制が必要だと思う。子孫に残すために、われわれは不自由を忍ばなければならない。登山客や釣り人は、全く来ちゃいけないとは言わないが、伝統的にそこで暮らしてきた地元の人々とは、一線を画して考えなければならないと思う。

（入山規制を盛り込んだ牧田私案を作成したのは）モニタリング（観測、調査し、データを記録）してからでは遅い、と考えたからだ。世界遺産である白神を、現状のままの状態で残したい。荒れてしまってから対策を考えるのでは遅い。その考えは今でも変わっていない」

・村田孝嗣氏

「青秋林道を止めるために、全国の方々から支援を受けた。この場を借りて深く感謝したい。青森県側で青秋林道反対運動に参加した人たちは、自然保護団体というより、登山をしている登山団体、渓流釣りを楽しんできた釣りクラブ、昆虫同好会、野鳥の会などだった。つまり白神の自然の中で活動していた人たちが中心だった。体で白神の自然を知っている。そういう人たちが原動力になって青秋林道を止める反対運動を展開した。単にブナを残すだけでなく、森とのつながり、山菜やキノコ、山の恵みを受けて生活してきた人々の暮らしを守ろうという運動だった。入山規制・禁止派の人たちとは、理念が違う。

ところが、ブナ林保護は暮らしを守る運動だったはずなのに、（自然保護団体の代表として）これからの白神をどうするかを話し合う会議に出ると、牧田私案による入山規制案が既に出来上がっていて、われわれの意見はほとんど無視された。白神の管理計画が、人間排除の方向に向かっていた。

世界遺産とは、単なるレッテルにすぎない。森を守ると同時に、人々に育まれてきた文化も同時に後世に伝えることこそ大事ではないか。世界遺産になったから生態系を保護するために人との関わりを排除しようという発想は間違っていると思う。白神は世界遺産である前に、郷土の森であることを忘れてはいけない。世界遺産・白神の問題ではなく、日本に残る全てのブナ林の問題であることを訴えたい」
・佐藤昌明（筆者）
「秋田県側は入山禁止でまとまっているというが、規制・禁止の見直しを求めた釣りグループ、『渓のネットワーク』（吉川栄一代表、東京）が全国の30都道府県で署名運動を展開、3万2000人を集めた。うち秋田県は4番目に多い5400人が署名している。米代川流域の人たちが中心で、地元でも入山禁止に対するいら立ちがくすぶっているのではないか。

青秋林道の両県境付近、二ツ森周辺の工事ルートは、初めは秋田県藤里町の粕毛川源流を通る予定になっていた。それが急に青森県側の鯵ケ沢町側に変更された。なぜ秋田県側の自然保護団体は、事前に秋田側から青森側へのルート変更を知りながら、青森側の自然保護団体に連絡がなかったのか（後、詳述する）。

牧田私案による青森県側の入山規制案は青秋林道建設反対運動で闘った仲間たちに何の相談もなく作られ、反発を招いた。反対運動で全国から1万3202通の署名が寄せられたが、決定打になったのは地元・青森県鰺ケ沢町の赤石川流域住民の1024通に上る反対署名であり、これを受けて北村正哉・青森県知事が林道建設の中止を決断した。なぜ林道建設中止を決定づけた赤石川流域住民に、事前に相談がなかったのか。学者の意見を聞くだけで一方的に入山規制案を決めるやり方は危険である。これからの白神はどうあるべきか、入山の方式を許可制から申告制にするなど、民間から具体的な対案を出していくべきだと思う」

・吉田正人氏（日本自然保護協会・保護部長）

「日本自然保護協会が白神山地に期待したのは、白神山地が国際的な保護区になることで日本全国のブナ林の重要性が認知されることだった。北海道では士幌高原道路が『休止』になったにもかかわらず政治力で再び動き出すという事件があった。青秋林道が再び動き出すことのないように、白神山地を世界遺産にして世界の人々の監視下に置き、東北のブナ林保護運動を実らせたいという願いだった。

白神山地の管理計画については、世界遺産の申請時に十分に時間をかけて議論すべきだったが、できなかった。地元の人の利用はいいのではないか、では外からの人はどうする。話し合いはまとまらない。世界遺産登録後も国は管理計画に消極的で、十分な検討がないまま世界遺産委員会に提出した。その間、ボタンの掛け違いが何度もあった。現行の管理方式を客観的に評価し、今後の方式について検討すべきだと思う。仕切り直しのチャンスは、もう一度やってくる」

パネリストの発言の後、会場からさまざまな意見が出た。

「今までさんざんブナを伐採しておいて、営林署に入山規制とか言う資格などない」（宮城）

「私たちは自由に山に入って、今でも山から生活の足しを得ている。白神の入山規制は全く予期しなかったことだ。『あの当時、青秋林道反対に協力したのは何のためだったのか』と、規制に対する住民の怒りが今、私たちに向けられている」（青森・「赤石川を守る会」代表）

「われわれの団体は、森をどう守るかの視点でやってきた。入山規制など全く頭にない」（福島）

「森の大切さや素晴しさは、実際に森に入ってみないと伝わらない。その方にエネルギーを使うべきだ」（岩手）

東北各地で、額に、背中に汗して山に入り、保護運動や啓発運動に取り組む人たちが集まって開いた集会である。入山禁止を認めては「自分たちは今まで何をやってきたのか」と、ひいては自己否定につながりかねない。会場参加者は合計170人で、入山規制・禁止を支持する意見を出したのは、わずか2人に過ぎない。入山規制・禁止に反対する意見が大勢の支持を得た。入山規制・禁止派の完敗であった。

◇

入山禁止反対派が大勢の支持を得た鶴岡市湯野浜温泉での東北自然保護のつどいを境に、白神問題は、規制緩和を求める方向に大きくシフトしていった。

その一つが青森県側の自然保護団体が、国の管理計画への対案として出した「許可制」から「届け出制（申告制）」への変更であり、今一つは、入山禁止・規制派の理論的指導者となっていた弘前大学の牧田肇教授が、秋田県が、青森県と同様に「入山禁止を見直し、届け出制に移行することに同意する」と表明したことである。これは、一連の白神問題で画期的出来事であった。

青森側、許可制から届け出制へ

まず、「許可制」から「届け出制」への変更を見てみたい。

届け出制を主導したのは林野庁官僚で、東北森林管理局青森分局長のポストにあった萩原宏氏である。勤務期間は1999〜2003年。鶴岡市湯野浜温泉での東北自然保護のつどい（1998年）の後、青森県側の自然保護団体は、入山規制への対案として、シンポジウムや集会で許可制から届け出制への変更を提起した。まさにその時期、タイミングを合わせたような農林省の人事であった。

萩原さんに、なぜ許可制から届け出制に変更したのかを聞いた。

「私には、国有林は国民みんなの財産という基本的な考えがあった。林野庁に入ったのは1973年。あのころは、経済面から木材資源を利用しようという考えが強かった。独立採算制だから『自分で稼げ』というわけだ。林野庁の職員一般の意識そのものが、そうだった。しかし、世の中の流れがだんだんと変わってきた。国有林は林野庁、営林署だけのものではない。国民みんなのものだ。環境問題を考えなくてはならない時代になった。白神山地でブナを切るか切らないかの議論がなされていた頃、私は前任の山梨県林務部長のポストにあり、山梨の山を歩き、森林の幅広い役割というものを考えた」

東北森林管理局の青森分局に着任すると、白神の入山方式をめぐって一方が「入山規制反対」と唱えれば、一方は「いまのままの許可制でいい」と言う。いろいろな意見があるのを知った。そこで青森県内の林業コンサルタント会社に委嘱、許可制の指定27ルートを中心に回ってもらい、2年間かけて調査した。樹木の幹を傷付けていないか、木を切って持ち去った者はいないか、焚火の痕跡はないか、などの項目。自分自身でも5、6人でパーティーを組み、赤石川源流の核心地域に入った。テント持参で1泊2日。しかし、山中で1人の登山者にも会わなかった。

その結果、「人が入り、人為によって自然が改変されるような影響は出ない。もともと白神の核心地域は、地形が厳しくて一般の登山者が簡単に入れる所ではない。『許可制』から『届け出制』へ変更しても、実態としてそれほど変わることはない、許可制によるメリットがない、と判断した」と言う。

考え方が二つに分かれている。賛成、反対の双方に説明して納得してもらわなくては、話はまとまらない。

弘前大学が夏休みの時、入山規制派の牧田肇氏を大学の研究室に訪ねた。牧田氏は部屋に一人でいた。私が「許可制から届け出制にしたい」と言うと、「そうですか」と、意外にも反論はなかった。「牧田さんは、入山方式を許可制にして初めから登山者をがんじがらめにしようと思っていたわけではなかったようだ」と言う。

入山規制反対を唱える根深誠氏については、弘前営林署に招き、署長室で許可制から届け出制への変更を説明した。根深氏は「萩原さんと2人だけになって話した。山に入るのに立ち入り禁止にして事故が起きたら、誰がどう処理するのか。入山禁止、規制は意味がない、やめた方がいいと訴えた」と振り返る。萩原さんは「核心地域だけでなく世界遺産の周辺部の森をどう再生させるかなど、入山規制問題以外にもいろんなことが話題になった」と付け加えた。

許可制を届け出制に変更したのは2003年7月1日付だった。より山に入りやすく、手続きも簡素化した。それまで3カ所しかなかった入山受け付けの窓口を、地元の町役場などを含む15カ所に増やした。許可制では申請から許可まで1週間ほどかかっていたのを、入山当日でも入山者数や行程、ルートを記した届け出書を持参、窓口に出せばよいとした。休日でも受け付け箱に入れれば届け出が認められる。郵送による届け出も認めた。

青森、東北を去る前年の2002年9月、萩原さんは宮城県の鳴子温泉で開催された東北自然のつどいに、仲間である秋田の東北森林管理局の幹部と2人で参加した。「集会に出て、自然保護に取り組む東北の人たちの熱気をひしひしと感じた」と語る。「地球環境を守れ」と官民が森林育成に取り組む時代へ、林野行政が転換しつつある時代の一コマだった。

萩原さんは1946年、東京都出身。東大農学部卒。青森勤務の後、(財)日本森林林業振興会の常務理事、副会長に就き、計12年間勤めて退く。現在は千葉県柏市に住む。

規制派学者、秋田側の届け出制への移行に同意

次は、入山規制・禁止の理論的指導者だった牧田肇氏が、「秋田県側も入山禁止を見直し、青森県側と同じ届け出制に移行することに同意する」と公表した経緯をたどる。そこには、私自身が大きくかかわっている。

私は駆け出し記者時代から青秋林道建設反対運動、白神山地保護運動の取材に取り組んだことは、先に述べた。それから30数年後、青森市に住む、かつての記者仲間から連絡がきた。

「入山規制を唱えていた牧田肇さんだが、このごろ講演会で話す内容が、変わってきている…。入山規制はなくてもいいいような言い方なんだ…」

「牧田さんが『入山規制は、なくてもいい』と言ってた⁉」「ホントかしら⁉」。ともかく記者仲間が伝えてくれたその情報が、次の展開の扉を開いてくれた。

2016年3月末日、私は38年間勤めた新聞社を60歳で定年退職した。私はその時を待っていた。翌4月、かつて入山規制・禁止問題で激論を交わした相手である牧田肇氏に、退職のあいさつを兼ねて手紙を書き送った。概要は次の通り。

「私も60歳定年となり、勤め先の新聞社を退職しました。今後は、自分で自然保護団体を立ち上げ、自由な立場で白神山地の問題に取り組む所存です。よろしくお願いいたします。ところで牧田さんは、入山規制・禁止問題について、考え方は以前と変わっていませんか」

牧田氏から、間もなく返事がきた。私信なので細部までは明らかにできないが、青森市の記者仲間が伝えてきたように、以前のように入山規制・禁止に必ずしもこだわっていないという内容。さらには環境省や林野庁が、秋田県と青森県が同じ白神山地の山なのに管理の仕方が異なるのは不自然であり、解決法を探っているようだ、と私に伝えてきたのだ。牧田氏の真意を確かめるために、手紙のやり取りは半年間ほど続いた。ついには、私に「秋田県側も、青森県と同様に届け出制に移行してはどうかという貴君の案に同意する。次回の東北自然保護のつどいで、私のメッセージを代読していただき、みなさんに伝えてほしい」とあった。牧田氏は、それまで一貫して青森県、秋田県の入山規制・禁止の理論的指導者の立場にあった人物である。180度転換、まさにコペルニクス的転回であった。

私は、こう返事を書いて出した。

「牧田先生の勇気ある決断に感激しました。感謝です。この10月の東北自然保護のつどいで牧田先生の『秋田、青森の届け出制統一案に同意』のメッセージを代読、公表します。今後は、牧田先生の名誉を守ることを約束します」

2016年10月22、23日、第37回東北自然保護のつどいが1泊2日で、山形県庄内町の月の沢温泉で開催された。東北各地で自然保護に取り組む約80人が参加。初日、東北各地で自然保護に取り組む人たちから現地報告がなされた。最後に私が登壇、スピーチを行った。内容は、以下の通り。

「仙台から来ました佐藤（筆者）です。よろしくお願いします。私は新聞社に勤務して、白神山地を縦断する青秋林道の問題が起きた当初から34年間、取材に関わってきました。東北の自然保護運動と住民運動の力で、青森県と秋田県を結ぶ林道工事を中止させました。

そうして、白神山地が日本で最初の世界遺産になったのは1993年です。世界遺産になったのはいいのですが、その世界遺産をどんな形で守っていくのか、入山者を規制すべきだとか、規制するのはおかしいとか、さまざまな意見が出ました。

18年前の1998年、鶴岡市の湯野浜温泉で開かれた第19回東北自然保護のつどいで、白神山地の保護はどうあるべきかをテーマにしたシンポジウムがありました。私は、入山規制・禁止反対の立場から発言させていただきました。ご記憶の方もあると思います。

18年ぶりに、またこの壇に立たせていただきました。本日は、結論から先に申しますと、『秋田県側の白神山地の入山禁止を、青森県と同じ届け出制に移行してはどうか』という提案です。この提案は、18年前、私と入山規制をめぐって論争した相手の弘前大学の牧田肇教授、今は名誉教授ですが、その牧田さんの同意を得ての提案です。牧田さんは、当時の入山規制論の理論をつくった人です。その牧田さんの同意のメッセージを預かっていますので、後で私が代読します。

さて私は60歳になり、今年3月で新聞社を定年退職しました。その際に、論争の相手だった牧田肇氏にあいさつの手紙を出しました。

東北自然保護のつどい＝2017年9月、北秋田市打当温泉

そして私は、自分で自然保護団体を立ち上げ、『今後は自由な立場から白神山地や東北の自然に関わっていきたい』と伝えました。手紙の最後に『ところで、牧田さんの入山規制の考え方は、昔と変わっていないのですか』と問い掛けをしました。牧田さんから返事が来ました。『自分の考え方は変わっていないのだが、自分の説に固執するつもりはない。届け出制になっている青森県側の白神山地は、自然がよく保たれている。秋田県側は入山禁止のままだが、環境省は、秋田県側も青森県側と同様に、届け出制にしたいと考えている』とありました。

それ以来、半年間、手紙をやりとりして、牧田さんから『青森県と秋田県を統一して、どちらも届け出制でいいのではないか』という返事をいただきました。今、牧田肇さんから預かったメッセージを、全文読み上げます（以下の通り）。

『世界遺産条約の各所に《世界遺産は、保護し、保存し、そして公開、オープンにし、将来の世代に伝える義務がある》と述べられています。つまり、世界遺産は大切にしまい込んでおくだけでなく、公開もしなければならないというのが、世界遺産条約の趣旨です。

これらのうち保護・保存と、公開とは言わば二律背反の存在で、これらのバランスは個々の世界遺産の置かれた条件に従って保たれる必要があります。

世界遺産の青森県側では、核心地域に対して、《既存の歩道と、27指定ルートには入域を認めるが、事前に入山届けを提出すること》という規制を行っています。この届け出制は、さまざまな論議を経たものですが、結果として現在、青森県側の遺産地域の管理は、イワナの密漁以外では、かなりうまくいっているといえます。

一方、秋田県側では世界遺産登録当初から、一貫して核心地域への入域を禁止しています。すなわち、これまでずっと、《公開する》という世界遺産条約の大切な趣旨を実行してこなかったわけです。現に、青森県側ではうまくいっている方法があるのですから、秋田県側もこの方法にならって、入山禁止から届け出制に移行し、条約の趣旨をすみやかに全うすることが妥当であると思います』

以上です。牧田さんは、世界遺産条約に《保護と公開の両方が必要だ》とあるのを根拠にしています。

私は、牧田さんの勇気ある決断に敬意を表します。そして牧田さんの名誉を守ることを約束しました。名誉を守るということは、過去の話はせず、東北の自然を次の世代へどう守っていくか、互いに考えていきましょう、ということです。

牧田さんの示唆もあり、私は、環境省の担当者に直接、お話を伺いに行きました。環境省から示されたポイントは二つでした。

『一つは、白神山地という同じ山なのに、県によって一方が届け出制で一方が入山禁止という状態が、何年も長期にわたって続くのは不自然である。山の現状を見れば、両県で入山方式を別にする科学的根拠、合理的な理由がない。

一つは、秋田県側は入山禁止にしているが、このままでは、世代交代して将来、核心部を知る人が誰もいなくなってしまう。白神山地のガイド養成はしているが、山の文化を継承できる人が途絶えてしまっていいのだろうか』

以上です。

例えば、大学の先生とか、あるいは山菜採りの人でも、山に入った人が遭難事故を起こしたら、どうするのか。滝がどこにあって、岩がどこにあって、どうなっているか、何も分からないでは、救助にも行けません。そんな状態が未来永劫続いていいのでしょうか。

白神山地が世界遺産になった時、確かに新聞やテレビで、入山者が急増してゴミが増えるとか自然が荒らされると、盛んに報道されました。何らかの規制が必要だと考える理由もあったでしょう。しかしそれは最初の数年だけです。今は、入山者は毎年毎年、減っています。世界遺産になったばかりの頃のように大勢の人が押し寄せることは、もうあり得ないでしょう。少子化、高齢化で、地方は人口がどんどん減っています。白神山地の周辺の町や村は、特に過疎が進んでいます。このままでは、世界遺産の登録区域に入る人も、知る人も、案内できる人も、誰もいなくなってしまいます。入山禁止の役割は、もう十分に果たした。役割は終えた。時代の状況が変わったと思います。

世界遺産は、日本にもう20以上あります。屋久島も知床も、入山禁止はしていません。世界文化遺産になった富士山では、頂上まで行列をつくって毎年、何万人も登っています。それでも入山禁止はしていません。世界遺産で入山禁止しているのは、世界的に見ても、有毒ガスが出るから、ここからは入っちゃ駄目とか、例外的な措置をしている所だけです。

登山を禁止している例はあります。例えばネパール・ヒマラヤにマチャプチャレという7000メートル級の山があります。ここは『ヒンズーの神様、シバ神にゆかりのある信仰の山』として、国家が登山を禁止しています。悠久の歴史の中にあるヒマラヤの神宿る聖なる山と、戦後のブナ乱伐でわずかに残った山とを、同列に考え得る性質のものなのでしょうか。

私は『秋田県側の入山禁止を見直し、届け出に移行すること』を提案します。今後の東北自然保護のつどいで、みんなで話し合っていきたいと思います」

会場から拍手いただいたことが、私には何よりの励ましであった。

牧田肇氏は1941年、東京都出身で東北大学理学部卒。専門は植生地理学で、1978年から弘前大学の教壇に立った。青森県側のルート指定の許可制入山は、牧田私案をもとに作成されたものであり、秋田県側の入山規制・禁止も牧田氏の理論づけがバックにある。

入山規制・禁止を巡って激論が交わされた東北自然保護のつどい鶴岡集会で、牧田氏は私案をつくった理由を「モニタリングしてからでは遅い、と考えたからだ」と述べている。白神の管理をどうするかを考えた時、モニタリング調査をしていない。つまり、判断基準となる裏付けのデータを、持ち合わせていなかった。データがなければ「予測」するほかにない。牧田氏は「荒れてしまってから対策を考えるのでは遅い」と思ったが、実際に白神ブームが起きたのは初めの数年だけで、以後、入山者は激減し、「荒れる」というほどのことにはならなかった。牧田氏は、白神の世界遺産登録後、現在に至るまでのデータを再検討したのだろう。山の実情を見て「秋田県側も、届け出制で十分対応できる」と判断した。

客観的データをもとに考えるのが学者の勤めである。牧田氏から私に送られた手紙、そして東北の自然保護団体の仲間たちに託したメッセージは、学者としての「良心を示した」と受け止めたい。

客観的データがないのに、予測だけで情報発信したのは、ほかにもたくさんある。私が所属していた報道機関とて同じだ。今では信じがたいが、データもないのに、新聞やテレビが、争うようにして「世界遺産になれば入山者が激増して、ゴミの山になる。自然破壊を許していいのか」「オーバーユース（過剰利用）が問題だ」といった報道を繰り返した。誤った予測報道を、新聞の読者もテレビの視聴者も、みんな信じた。その後、入山者が激減しても、新聞やテレビが過去の誤った予測報道について訂正報道をしたわけでもない。われわれもまた〝同罪〟である。

20数年来続いた白神山地の入山禁止問題。仕切り直しのきっかけをつくってくれたのは、何より牧田肇氏の「勇気ある決断」があったからこそである。ここで改めて感謝したい。

第三章

秋田を変えたブナ・シンポ

藤里・小岳に登る

秋田県藤里町に来た。2020年6月のこと、目指すは白神山地・小岳（1042メートル）だ。案内人は、地元で秋田白神ガイド協会の会長を務める斎藤栄作美（えさみ）さん（1949年生まれ）である。

朝8時に宿を出発、素波里（すばり）ダムの湖水を横目に、車が林道を行く。カーブの連続する砂利道、なかなか着かない。終点まで20キロの道のりだという。杉の造林地を縫って行く。長い林道。やがて広葉樹の森に入った。登山口到着まで2時間かかった。

「夏の山だね、もう」と栄作美さん。登山道を行くと、フキが膝の高さまで来ていた。タニウツギがピンク色の花を咲かせている。その頃が、ネマガリダケが盛りを告げる季節だという。道々の山の案内板に、生々しいクマの爪痕を見た。チリンチリンとクマよけの鈴を鳴らしながら前を行く栄作美さん。「クマはタケノコが大好きだ」と言う。すぐそこの森の中に、クマが待っているようである。今度は黒いサルの糞を見つけた。道の真ん中に落ちている。雨水に流されていないから、比較的新しいもののようだ。

ブナの森を歩き、森林限界を過ぎ、登り始めて2時間、小岳の頂上に立った。さわやかな初夏の風を体いっぱいに受ける。青森県側の白神岳、岩木山の頂上は雲がかっていたが、ほぼ快晴。西から二ツ森、雁森岳と秋田、青森県境の山並みがくっきり見えた。「俺はこの山が好きだ。360度、人工物が何も見えないところが実にいい」と栄作美さんは誇らしげ。西南部には秋田県側の世界遺産、粕毛川源流域を見渡すことができた。小岳はちょうど、白神山地全体を見渡すことのできる位置にある。東北の主なる山は登った私だが、これほどの眺望の利く場所は、かつて記憶がない。緑の季節ということもあって、素晴しい景色だ。

小岳の山頂から見る。右上が二ツ森、右中が雁森岳。左奥が粕毛川源流に続く

昼食を済ませ、山を下りながら、栄作美さんの人生と山の話を聞いた。

父親は樺太（ロシア）や満州（現中国東北部）で働いた人だという。戦後はふるさとの藤里町に帰り、山仕事をした。小岳の南東斜面を舞台に、村人は営林署の仕事を請負い、ブナを切り出した。馬や牛を使い、切ったブナを橇（そり）に載せて運んだ。ブナは薪用に、やがてパルプ材、建築材に使われた。

戦後、団塊の世代に生まれた栄作美さん、小学校高学年になると、山仕事を手伝わされた。ブナが次々伐採され、その跡に杉の苗木を植林した。村人が何十人も出て、一日がかりで山に苗木を背負い上げた。男は山の宿舎で泊まり掛け、女たちはその日に下りたが、それはそれは大勢のお母さんたちが山仕事に出たという。「昭和35年頃で、子供でも日当300円とか400円もらった。村人も子供たちも、山の木で飯を食っているのを知っている。山のありがたさが身に染みて分かった」

小岳の中腹は、牛の放牧地にもなっていたというから驚きだ。栄作美さんは中学生の頃、牛を引いて山に入った。「牛の放牧地は、山の緩斜面、水のある湿地帯の周辺だった。牛はそこで水を飲み、ササを食べた」。季節は6月から10月半ばまで。何十頭と放牧し、その間、山小屋に牛番1人を置いた。赤牛の短角牛（肉用牛）だ。秋になると、隣の二ツ井町で競りが行われた。山から降ろした牛を、競りに連れて行く。「牛が高く売れると、オヤジたちは昼から酒飲みだ。俺は冬用のジャンパーを買ってもらったのを覚えている。思ったほど高値が付かないと、牛をそのまま引き連れて帰ったものだ。昭和30年代半ばまで、そんな村の風景が続いた」と懐かしむ。

中学を卒業すると、北海道や岩手、宮城県で林業に従事。20代で帰郷してアユの養殖や山仕事に携わった。やがて日本自然保護協会の研修を受け、自然観察指導員になる。町の遭難救助隊員にもなった。白神山地が世界遺産になると、秋田県内の小・中学校、全国の山の愛好者から、ガイドの要請が殺到した。秋田白神ガイド協会ができたのが2007年だった。4人で始めた。

だが、ガイドの仕事が増えたのは世界遺産になって10年ばかりの間だけ。以後は減り続け、最近は激減している。ガイド依頼はピーク時の5分の1ぐらいという。ガイド協会の会員は藤里町、二ツ井町、北秋田市、能代市の範囲。名簿上は29人、実質15人程度になった。3代目会長を務めるのが栄作美さんだ。

私は、本書で秋田・白神の入山禁止を見直し、秋田・青森の管理方式を「届け出制」で統一するよう提案している。この点を聞いてみると、栄作美さんはこう答えた。

「私も秋田県、青森県、統一した方がいいと思う。いろいろな意見があるだろうが、もう一度、同じ土俵に上がる。話し合ってみるのが大事だ。

私個人は、以前から入山禁止にしてはいけないと思っていた。『入山はＯＫ』の考え方だ。お客さんに『秋田の白神山地は入れないんでしょ』と言われる。私は『そんなことはない。緩衝地帯は自由に入れます。核心地域についてはガイドするわけにはいきませんが…』と話す。が、私は、本当は核心地域に人を連れて行きたいんだ。そこで本物の自然を見てほしい。

ブナは全国、どこにでもある。世界遺産の周辺部で『ブナを見た』だけでは、次に、人は来ない。本物を見ていないからだ。核心地域に入り、白神の本当の良さを知ってほしい。自然の生命力、奥深さ、森から教えられることがたくさんある。森は、私たちを育ててくれた。私は、森から生き方を学んできた。山と森を、人から離しては駄目だと思う。世界遺産の中を知らなければ、守りたくても、守りようがない。

でも、すべてオープンにすることには賛成しない。知らぬ間に遭難事故が起きることだってある。人が樹木を損傷させたり、植物を盗掘したりすることもある。何らかの規制は必要だと思う。そうでなければ、世界遺産として、きちんと管理することにならない。入山の月日、コース、人数とかを、きちんと書いて届け出をする。アメリカ式のレンジャーを常設してはどうか。公務員並みの給料で、きちんとレンジャー・ガイドを育てる。今のままでは、秋田白神ガイド協会でも、世界遺産の中を案内できる人がいなくなってしまう。俺ももうトシだ。次の世代を育てなければ、どうにもならない」

ブナの森に明るい日が差す＝小岳

栄作美さんと話をしていて、「入山禁止の見直し」を訴える私と、さほどの考え方の違いがないのに気づいた。「月に10日は、ガイドで山に入っている」と言う。現場をよく見ているこの人物だからこそ、レンジャー・ガイドの必要性を痛感しているのだろう。話を聞いていくうちに、確かに地元のガイド協会の会員が公務員並みの給与が保証され、人材が継続的に育成されれば、地元雇用につながるし、核心地域を保護する担保にもなる。将来的にガイドの「世代交代」もできるだろう。

「届け出制で、原則ガイド付き入山」という方法もありではないか、と私は思った。「原則」としたのは、ガイド付きでは上級者が嫌がるだろうし、強制はできない。しかし、初心者や高齢者は受け入れやすい方式だ。「原則ガイド付き」とすれば、ガイドなしで山に入る人もマナーを気にするだろう。結果として全体のマナーアップにつながるかもしれない。

栄作美さんがガイドを始めたきっかけは、世界遺産になって白神に入山者が増え、ゴミが目に余るほど増えたことだった。山菜採りをしていた時、粕毛川源流近くの林道わきで、ナンバープレートを外したボロボロの乗用車を見つけた。「はじめから古い車を捨てようとして仲間と2台で山に入り、古いのを捨てて行ったのだろう。『これはえらいことになる』と思った。全部ではないが、マナーの悪い人は絶えない。山に入っていいから、マナーを守ってほしい」と訴える。

小岳から下山して林道を下り、素波里ダムを案内していただいた。景勝地・素波里峡谷を閉じるようにして、堰堤を築いた。竣工したのは1970年。そこに、もとは「大開（おおびらき)」という集落があった。湖岸に「大開の碑」と、「大開の郷」と書かれた看板が置かれ、かつての集落の家屋を配置した地図が示されていた。戦後、最盛期には15戸あったが、1963年7月の大洪水による土石流で壊滅的な被害を受けた。ダム建設に伴って人は去り、今は無住の村となった。

栄作美さんは、湖底に沈んだ大開集落のこと、かつてそこを森林鉄道(森林伐採・搬出用の軌道)が走り、子供の頃に何度も乗ったことなどを話してくれた。ダムを造ったのは水害防止と、能代方面の田んぼのかんがいが目的だった。粕毛川源流域の山塊でブナ伐採が続き、保水力が低下、大開集落を壊滅させたばかりでなく、下流の藤里町も毎年のように水害に見舞われた。藤里は水害の常襲地帯の町だった。

「中学生の時、1963年にあった大水害のことは、私もよく覚えている。真夏に大雨、大水が出て、粕毛川下流の藤里の町も半分が水浸しになった。死者も出た。橋は、当時はみんな木でできていて、大雨で丸太の橋が全部流された。水害の後、橋がないので学校に行くのに、ずいぶん遠回りしたものだ。田んぼは流木や砂利で埋まり、運び出すのに2年も3年もかかった」

山に登り、ダムを案内してもらい、水害の話を聞かせていただいた。盛りだくさんの一日。宿まで送ってもらい、栄作美さんと別れた。

町の写真屋さん

藤里町の中心部商店街を行くと、「カマタ写真店」の看板がある。写真店の経営者・鎌田孝一氏こそ「白神山地のブナ原生林を守る会」の理事長として、秋田県側で青秋林道建設反対運動、原生林保護運動の先頭に立ってきた人物だ。しかし1930年生まれで、もはや90歳を超える。町の人に聞くと「鎌田さんは施設に入っている」と言う。本人に話を聴ける状況にはなかった。

私はそれ以前に2度、藤里町を訪ね、鎌田氏本人にインタビューした。当時の取材ノートを開けば1回目は「1998年11月8日夜、カマタ写真店を訪ねた」とある。

鎌田氏を訪ねた時、私がまず驚いたのは「カマタ写真店」が藤里町役場から50メートルと離れていない、目と鼻の先にある、見える距離にあることだった。県や町当局、営林署が推進する林道建設事業に、環境問題がそれほど重視されていない時代に、真っ向から「異議」を唱えるのは大変に勇気のいることだ。店で現像、焼き付け、カメラやフイルムの販売のほか、小・中学校に行って卒業写真を撮ったり、町発注の道路や橋の建設現場の写真を撮ったりするのを仕事にした。それで生計を立てていたが、林道建設反対運動に立ち上がると「町役場や建設会社の仕事を、みな取り上げられた。入札にも入れてもらえなかった。店先の花の鉢が割られ、嫌がらせを受けた。妻も亡くなり（1992年）、もう店はやれなくなってしまうのではないかと思った。そこで息子夫婦を呼び戻した」と語る鎌田氏の言葉が、私の取材ノートに残っている。

反対運動では日本自然保護協会の工藤父母道氏（主任研究員）を全面的に信頼し、闘ってきたこと。「林道を中止させたのは、青森県鰺ケ沢町の赤石川流域の住民や、弘前市の根深誠さんや三上希次さん（青秋林道に反対する連絡協議会2代目会長）たちの頑張りがあったからこそで、それはよく承知している」と語る。「弘前大学の牧田肇教授に会ったのは、以前、森吉山を守る会（スキー場開発問題）の時、講師に呼んでお話を聞いた時が初めてだった」と言う。青秋林道中止後、入山規制・禁止派が「白神ＮＧＯ」を結成、代表者になったのが鎌田氏であり、理論づけをしたのが牧田教授だった。鎌田氏は「入山問題を順序立てて整理し文章化するのは、我々では難しい。法律的なこととか細かい点もいろいろあるだろう。行政と交渉する際の理論づけや文章化は、牧田教授にお任せしようとなった」と、私に説明してくれた。

鎌田氏の著書に「白神山地を守るために」があり、ブナ林保護運動に取り組んだきっかけが書かれてある。要約すれば「藤里町の粕毛川源流部は奥山までブナが伐採され、雨が降るたびに河川が泥流となり、町は度々、水害に襲われた。昭和38年（1963年）の大水害は、雨が2日間も降り続き、降雨量は580ミリに達した。白神山地に延びていた森林鉄道は流出、破壊されて壊滅状態になった。が、その後も林道工事は行われ、1970年頃には、粕毛林道の工事が白神山地の奥深く、青森県境付近まで延びようとしていた。環境の変化で伐採地周辺のブナは立ち枯れの様相で、次第にその面積が広がっていることに不安を感じない訳にはいかなかった」

先に述べた白神山地・小岳に案内してくれた斎藤栄作美さんの語る昭和38年の大水害の話と同じ件である。藤里町の人々に、強烈に刻んだ大水害の記憶だったのだろう。

鎌田氏は岩手県大迫町生まれ。父親は鉱山で働いた人で、鎌田氏も若い時から父親と一緒に東北各地、新潟県の鉱山やトンネル工事現場で働いた。秋田県藤里町の太良（だいら）鉱山で働いた時だ。カメラを購入、たちまち虜になった。押入れを暗室にして、写真の引き伸ばしを覚えた。その後、足尾銅山（栃木県）で働いたが、会社側との関係もままならず、独立を決意。藤里町にUターンした。そこは妻の出身地であり、太良鉱山時代の仲間がたくさんいた。町なかの借家に入居、店舗を増築して写真店を開業したのが1960年。30歳の時だった。仕事の傍ら周辺の山々を歩き、花の写真を撮った。「秋田自然を守る友の会」をつくる。やがて50歳を過ぎた頃に浮上したのが青秋林道建設計画だった。秋田県内では、真っ先に反対運動に立ち上がった。

青秋林道は止まり、白神山地は世界遺産になった。私が取材で藤里町を訪ねたのは、入山規制・禁止問題で揺れに揺れた時期だった。

2度目の取材は1999年6月8日で、この時も夜だった。カマタ写真店に入る。前回は、青森県側の事情を鎌田氏がどの程度知っているのか、反対運動に取り組む中で築かれた鎌田氏の人脈を聞く程度にとどめたが、今度は本筋の入山規制・禁止問題にストレートに入った。私は、「鎌田さんは、なぜ秋田県側の白神山地の入山禁止を唱えるのですか」と質問した。

鎌田氏の答えは以下の内容だった。

「私は『入山禁止』とは言ってないし、主張もしていない。『入山禁止』を言ったのは、秋田営林局の橋岡さんだよ」

白神をどう管理するかは、有識者や自然保護団体代表も加えた森林生態系保護地域（後述する）の設定委員会で話し合われた（1989年8月〜1990年3月。3月末、林野庁が設定案を承認）。その結果を、1990年5月9日、藤里町総合開発センターに、藤里町、八森町（旧）、峰浜村（旧）、能代市、二ツ井町の行政、商工会、猟友会、漁協関係者ら約30人が集められ、秋田営林局の橋岡伸守・計画課長から説明された。橋岡課長は「秋田営林局としては、森林生態系保護地域の保存地区については、入山を控えてもらいたい」と言う。鎌田氏は「説明の後に、質問の時間が設定してあった。私は、誰か意見があるのではないかと思っていたが、異議を申し立てる発言はなく、それでは入山禁止でいい、という話し合いの流れになった」と言う。入山禁止は、もとは秋田営林局の橋岡伸守氏の案だったと言うのである。

とはいえ私は、鎌田氏の回答にしっくりしないのを感じた。入山禁止問題が出始めた頃、新聞、テレビの取材に対して鎌田氏は「入山禁止」と唱えていたはずである。批判が出てくると、時間の経過とともに発言内容が次第にトーンダウンしていく印象を受けた。

私は「鎌田さんは、入山禁止に賛成なのか、反対なのか、どちらなんですか」と再度、質問した。鎌田氏は間を置き、再び考え込むようにした後、こう答えた。

「次の世代に自然を残してあげたい。水を汚してほしくない。水を蓄えていく森にしてほしい、という願いで始まったのが、われわれの保護運動だった。入山を、全くの自由にするという訳にはいかないだろう。ある程度の規制は必要だと思う。『コア（核心地域）を大事にしてほしい』というのが私の考えだ」


取材を終えると、遅い時間になったので、宿を予定していた隣町・二ツ井町までのタクシーを呼んでくれた。タクシーに乗ったが、傘を忘れたのに気づき、途中から引き返す。梅雨の時季だが、もう雨は上がっていた。店に戻ると、ご本人が店の前で待っていてくれた。そして自販機で缶ビールを買い、私に渡してくれた。うれしくなった。

鎌田氏は、私とは考え方の異なる人物だが、地元の行政が進める事業に対して「反対」を掲げ、仕事を奪われ、経済的にも大変な苦労をされたのは事実だ。人間的にも心優しい方なのは、よく分かった。しかし、私はどうしても納得できなかった。自分が山に入っているのに、他の人に「山に入っては駄目」という発想がどうして出てくるのだろうか。

筆者の再度の質問に対して鎌田氏の答えは今一つ、はっきりしないと感じた。それは何より、「鎌田氏自身に迷いがあるからではないか」と推測するほかなかった。

【MAB計画と森林生態系保護地域】

入山規制・禁止の論拠になったのは、元をたどればユネスコの「MAB計画」に行きつく。「Man and Biosphere（人間と生物圏計画）」の略称で、1971年に始まった。資源の持続可能な利用と環境保全の促進を目的にした国際協力プロジェクトで、活動の一つとして1976年から「生物圏保存地域」の事業がスタートした。対象区域を地帯区分して段階的に規制し、保護と利用の両立を目指す考え方だ。

図に示したように、MAB計画に基づく生物圏保存地域は、「(A)の核心地域（コア）」は「厳格に保護する」、「(B)の緩衝地域」は「一定の条件下に、活動が許される」、「(C)の移行地域」は「地域活動、経済活動ができる。居住も可」とする三つに地帯区分する。核心地域に近づくほど、人間の活動が制限される構造だ。しかし、「厳格に保護する」とした

MAB計画に基づく生物圏保存地域

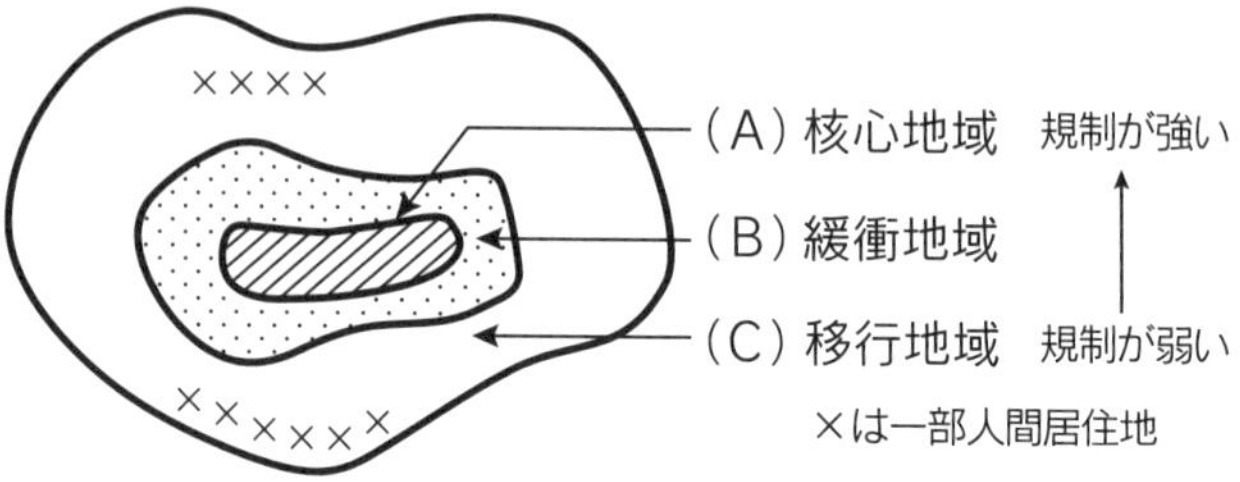

核心地域は、人間の立ち入りまで規制、禁止するものかどうか、明文化されていない。

青秋林道建設反対運動さなかの1986年、日本自然保護協会は、MAB計画に基づく生物圏保存地域の方式で白神山地を保護するよう林野庁に求めた。

林野庁が国内の森林保護計画に生物圏保存地域の考え方を導入して作成したのが「森林生態系保護地域」(1989年)である。核心地域(A)は「保存地区」とし、「人手を加えず自然の推移に委ねる」とする。緩衝地域(B)は「保全利用地区」とし、「森林伐採は行わないが、自然観察、森林浴の場として利用する」とした。1990年4月、白神山地など全国7カ所が森林生態系保護地域に設定された。青秋林道の建設予定線をこの保存地区に含め、林道計画は正式に打ち切りとなった。

しかし、「核心地域(A)の保存地区」を、人間の立ち入りまで規制、禁止するものかどうか、解釈が分かれた。

入山禁止論は、どこから来たのか

1990年5月9日、藤里町の町総合開発センターで、「立ち入りは控えていただきたい」と入山禁止の説明会を行った秋田営林局の計画課長の橋岡伸守氏とはどんな人物なのか。今回、人づてに所在を探り、インタビューすることができた。まず経歴と近況をうかがった。

橋岡伸守氏は1943年、愛媛県愛南町生まれで高知大学農学部林学科卒。1967年に林野庁に入る。1987年、秋田営林局に治山課長となって赴任、横滑りして計画課長を勤めたのが1989〜91年で、白神山地の森林生態系保護地域設定を担当した。一度本庁に戻った後、青森営林局・森林管理部長（1994〜97年）を勤め、これを最後に林野庁は退職した。以後、表舞台に出ることはなかった。

現在は埼玉県草加市に住み、早朝から家を出て家庭菜園に勤しむ日々を送っている。取材時点で76歳になっていた。

「もうトシだから、藤里町での地元説明会がどんなものだったのかは、具体的に思い出せない。ただ、森林生態系保護地域の対象になった粕毛川源流域は、面積が小さく、既存の歩道もない所だった。保存地区の周りの保全利用地区では山菜取りはできることにした。地元で特に規制に反対する意見はなかったと記憶している」

続けて、こう語る。

「私は、『入山禁止』の『禁止』は、言葉としてキツイと思った。計画案に『入山禁止』の言葉は使っていないし、説明会でも地元の人たちを刺激しないように『入山をご遠慮いただく』とか、『入山を控えていただきたい』と言った」

橋岡氏の言うように、確かに森林生態系保護地域設定の計画書には「保存地区の森林については、原則として人手を加えずに自然の推移にゆだねるものとする」とあり、「禁止」の文言はない。では、そもそも「入山禁止論」の出どころは一体、どこなのか。橋岡氏は言う。

「公務員は退職後も守秘義務というものがある。会議の席で誰が何を話したとか、すべてを話せるわけではない。しかし、私は設定委員会の事務局を預かった一人の公務員であって、私の方から『入山禁止が良い』などと言うことはない。設定委員会では、粕毛川源流域の入山について『厳しい規制』を求める意見が強く出された。委員会の意見を尊重して、厳格な保護を求める文言を盛り込んだ計画書の案を、私が書いた」

鎌田孝一氏は「入山禁止を言い出したのは私ではない。営林局で担当した橋岡さんだ」と言う。しかし、橋岡氏は「入山を控えていただきたい、と言ったのであって、禁止とは言ってない」と言う。

設定委員会で「厳しい規制を求めたのは誰か」は、分からない。しかし、秋田県側では鎌田氏が青秋林道建設反対運動の先頭に立った人物であり、他の有識者と共に設定委員会の委員に選ばれている。計画案に、強弱は別にして鎌田氏の規制案の反映もあると見るのが自然だろう。

橋岡伸守氏は、「私は、役所でも説明会でも『入山禁止』の言葉は使っていない。しかし、『厳格な保護』をするために『立ち入りを遠慮してください』と言えば、それを受け止める方が『実質的に入山禁止』と解釈したり、『原則、入山禁止』とマスコミ報道されたりしたことはあったと思う」と言う。

筆者の手元に、秋田・白神の二ツ森登山口に立てられた看板の写真がある。秋田営林局、二ツ井営林署名で、次のように書かれている。

「白神山地森林生態系保護地域

一、設定の目的

この白神山地森林生態系保護地域は、原生的なブナ天然林を保存し、学術研究、動植物の保護などに役立てるために設定したものです。

二、入林について

保存地区は、原則として人手を加えずに自然の推移にゆだねることから、次に掲げること以外には、入林できません（傍線筆者）」

（一）学術研究その他公益上の事由により必要と認められる行為

（二）非常災害の応急措置
山火事消火等
大規模な林地崩壊、地すべり等の災害の復旧措置
（三）標識類の設置等
（四）その他法令の規定に基づき行うべき行為
なお、入林に当たっては、当該営林署長の許可が必要となります」

看板に「入林できません」とある。確かに「禁止」の言葉は使っていないが、「入林できません」と「入山禁止」とは、どこがどう違うのだろうか。

鎌田氏と橋岡氏の話、二人に等距離を置いて、その言葉を受け止める側の私がいる。三者三様の思惑が絡み合う。何が本当なのか。何やら黒澤明監督の「羅生門」、芥川龍之介原作の「藪の中」の世界を思わせる。しかし、鎌田氏と橋岡氏の両当事者の話の内容からすれば、受け止める方は「限りなく入山禁止に近い管理方式」と解釈するほかにないだろう。

ここで大事なのはもう一つある。鎌田氏と橋岡氏の両当事者が、「自分から入山『禁止』と、積極的には言っていない」という点だ。仮に鎌田氏が当初より入山規制・禁止論をトーンダウンさせたとしても、過去から現在まで、誰が入山禁止を「積極的」に言ってきたのか。取

り巻きなのか、あるいは関係ない人たちなのか。これではアガサ・クリスティの「そして誰もいなくなった」ではないか。

入山禁止論とは一体、何だったのか。キーワードは「森林生態系保護地域」にあるだろう。なぜこの制度ができたのか、もう一度さかのぼってみよう。

拡大造林の時代、山の木を切り出し、切った木を木材資源として利用する。それは当然の行為と考えられていた。それが１９６０年代後半ごろから変化、森林資源を、文化資源、環境資源として見直そうという声が高まっていった。１９８０年代に入ると、白神山地のブナ原生林を縦断する青秋林道建設反対運動や、北海道の知床国有林の択伐問題などの自然保護運動に国民の関心が高まった。１９８５年に秋田市でブナ・シンポジウムを開催。１９８６年には日本自然保護協会が林野庁長官と環境庁長官にＭＡＢ計画に基づく生物圏保存地域の考え方で白神山地のブナ林保護を要望した。

林野庁は、国民の要望にどう応えるか、林業と自然保護の両立を目指す有識者による「林業と自然保護に関する検討委員会」（座長・福島康記東大教授）を１９８７年10月に設置、方向性を探った。検討委員会設置から間もなく青秋林道建設反対の異議意見書集めが始まった。大量の異議意見書提出を受け、計画に「待った」を掛けたのは青森県知事で保守系の北村正哉氏であった（４期16年）。その半年前の同年４月、北海道の知床では国有林の択伐反対を訴えた自然保護運動の中心メンバーの一人である午来昌氏が地元、斜里町長選に立候補し、激戦を制して当選した（5期20年）。選挙で選ばれた「首長の判断」は、霞が関の林野官僚たちにとっても限りなく重い。

1988年12月、林業と自然保護に関する検討委員会の報告が発表された。森林の保護・管理について、見直しの必要がある。特に原生的自然環境の保全には、ユネスコのMAB計画に基づく生物圏保存地域の地帯区分の考え方を導入して制度の強化を図るもの、とした。それまで、独立採算制という制度に追われ、やみくもに森林伐採を続けていた林野行政。それが今度は自然を保護する側に回った。国民の自然保護運動の関心の高まりに応えようとした政策変更で、自然保護運動が、日本の林野行政を変える大きな転換点となった。多額の赤字を抱え、林野行政が立ち行かなくなったという背景もある（独立採算制で巨額の赤字を抱えた林野庁はその後、一般会計へ移行することになる。白神、知床の保護運動は、結果的にその誘因になった）。

しかし問題は、検討委員会の報告を受けての林野庁長官通達の言葉の表現にあった。

「（森林生態系保護地域の保存地区は）原則として、学術研究などの必要な行為を除いて、人手を加えず自然の推移に委ねることとする。原則として利用の対象とせず、厳正に保存を図ることとする」

森林生態系保護地域の管理方式を、生物圏保存地域を下敷きに「保存地区」と「保全利用地区」に地帯区分。核心部分の「保存地区」は「人手を加えず」としたが、「人手を加えず」とは、どの範囲なのか。「魚釣り」や「植物採取」は駄目ということなのか、人間の足の踏み跡を残す「登山行為そのもの」が駄目なのか。そもそも人間の立ち入りを拒否する「入山禁止」を意味するものなのか。言葉の解釈に幅ができる。

橋岡伸守氏は、秋田・白神で「『人手を加えず、自然の推移にゆだねる。厳正に保存を図る』という林野庁長官通達の趣旨に沿い、秋田県の地元の設定委員の『白神山地の自然を厳格に守るよう求めた意見』を尊重して、森林生態系保護地域設定の計画案をまとめた」と言う。インタビューするに、橋岡氏は生真面目一本の人物と見えた。夫人に時折、「融通が利かない人」と揶揄されるとか。橋岡氏は、原則論に徹底して忠実に従う林野官僚であった。

一方、青森県側では根深誠氏や村田孝嗣氏、赤石川流域住民の代表らが設定委員となり、「白神山地では森と人との関りが古くから継続し、自然が保たれてきた。人々は林野行政が始まるずっと以前、藩政時代からマタギをはじめ山村文化を守ってきた。営々と続くその営みを断ち切る入山禁止は認められない」と訴えた。青森営林局側は「山の利用の仕方は、地域によって違っていい」という姿勢を取り、入山禁止問題は結論が出ないまま、「灰色決着」で設定委員会は終了した。

「山も川も、もともと自然にあるものを、線引きしてあれとこれを区別しようとしたところに無理がある。ヨーロッパ式の地帯区分をそのまま日本に当てはめてよいのか、根本的な議論がなかったところに問題があった」と根深氏は振り返る。

では、ほかの森林生態系保護地域はどうだったのかを見てみよう。

山形、新潟県にまたがる朝日連峰の森林生態系保護地域の設定は、2002年に行われた。保存地区、保全利用地区は総面積約7万ヘクタールと国内最大級、保護地域設定は全国で27番目だった。大学教授、森林総研、新聞社幹部、自然保護団体代表、関係自治体の長など両県の関係者19人が設定委員となった。

朝日連峰は、それまでに設定された森林生態系保護地域に比べて、登山客や釣り客が多く訪れている山だった。ここでも最大の焦点となったのは、保存地区への入山規制問題だ。

会合は4回、いずれも公開で行われた。当初は厳しい規制案だったが、議論の末、結局は林野庁側が譲歩の形を取る。保存地区では、森林限界付近から上の高山帯や湿原地帯では既存の歩道を利用することとしたものの、以下の森林内では、生態系に悪影響を及ぼす行為をしない範囲であれば釣りや沢登りを容認する。実質、保存地区の森林帯で入山規制はしないこととなった。

会合を開く上で、それ以前の白神山地で入山禁止問題がもめたことが、自然保護団体側、林野庁側の双方の念頭にあった。ここでも登山者や渓流釣り愛好者の保存地区への入山の是非が議論された。設定委員の一人、「葉山の自然を守る会」の原敬一代表（山形県白鷹町）は「とにかく『核心部分（保存地区）の立ち入り禁止は駄目です』『沢登りや渓流釣りを除外するのも駄目ですよ』と訴えた」と言う。「自然と人間の共生なくして保護はできない」と、両県内外の山岳会や釣り愛好団体から約60件の意見書が出された。

会合では「釣りも一つの文化、厳しい規制は将来に禍根を残す」「朝日連峰は面積が広い。登山客や釣り客の協力がなくては保存も困難」などの意見も出された。学者グループから比較的厳しい規制を求める意見が出されたが、林野庁が間に入る形で調整した。「対立は避けたい」と考えた林野庁は、「地元の利用実態に配慮した形」で管理計画をまとめた。「保存地区内における山菜、キノコ、落葉落枝の採取は認めない」「保存地区内の森林では、植物の採取、樹木の損傷、焚火など生態系に悪影響を及ぼす恐れのある行為は行わない」などの条件付を付けた。原さんは「規制が無い訳ではないが、当時としては（林野庁との調整は）できるだけ規制が入らないように、やれるだけのことはやったと今でも思っている」と振り返る。

同じ森林生態系保護地域の保存地区の管理について協議したのに、秋田・白神は「原則、入山禁止」、青森・白神は「灰色決着」、山形・新潟の朝日は「条件付き入山容認」となった。もとは林野庁長官通達の「人手を加えず、自然の推移にゆだねる」という一本のモノサシから始まったはずなのに、後のことはそれぞれの地域に「丸投げ」したよう。その山の置かれている環境、地元の声（設定委員）、林野庁担当者の性格、スタンスの違いで、結果は変わってしまうのだ。

なお、林野庁長官通達は内部規定である。法的拘束力は何も持たない。つまり入山禁止の山に入っても、法律上の刑罰を受けることはないことを、ここで申し添えておきたい。

森林保護生態系保護地域とは何だったのか。山をどう守り、人と自然がどう共生していくのか。「人の考え方、受け止め方はさまざまある」とはいえ、霞が関から一本の通達で「丸投げ」された側の自然保護団体は、内部で意見が分かれ、さまざまな議論を生んだ。それまでは林道工事阻止に向けて闘う仲間であり、闘う相手は営林署、林野庁だった。それが、矛先を変えられた。森林生態系保護地域の設定は、批判をかわし、自然保護団体がバラバラになるのを見通した「林野庁当局からの意趣返し」という見方さえあった。一方で、逆の見方をすれば「あなたがたの自然保護運動は、先のことをどこまで考えて闘ってきたのか。中身は何だったのか、理念はどこにあったのか」と、当局側からブーメランのごとく問題を民間側に投げ返しているようにも見える。

自然保護とは何なのか、自分たち自身が問い掛けられる問題でもあった。

裏方に徹した男

「白神山地のブナ原生林を守る会」の設立総会が行われたのは１９８３年1月22日だった。場所は秋田市文化会館の会議室。秋田県内外から約70人が参加、青森県側からは根深誠氏が代表して出席した。自然保護議員連盟会長で初代環境庁長官の大石武一氏から「難問の多い状況の中でこのような会が作られたことは誠に喜びに堪えません。皆様方のご努力が大いに生かされますよう祈念いたします」とのメッセージが寄せられた。

会長に西岡光子氏（弁護士、秋田市）、理事長に鎌田孝一氏が選ばれた。そして、事務局長に就いたのが奥村清明氏（１９３７年生まれ）である。「守る会ができた当時は、白神山地という地名が一般の人たちによく知られていない。ブナ林の良さも理解されていなかった」と言う。「青秋林道はいらない」と書いたビラを秋田市内の印刷屋に依頼、各方面に５０００枚を配布して宣伝活動した。

奥村氏は本職が県立高校の英語教師。守る会設立時は、五城目高校に勤務していた。教壇に立つ一方、情報を収集したり、資料を作ったり、関係者と連絡を取ったり、マスコミ取材に対応したり。それらを一手に引き受けた。裏方役に徹した男が奥村氏である。電話が頻繁に学校に掛かってくる。県庁や営林署に行くことで度々、学校を空けた。「生徒に『先生、頑張って』と言われた。職場の同僚教員にも嫌な顔一つされなかったのがありがたかった」と振り返る。

秋田県は、林業王国であった。昭和30年代から林野庁は拡大造林計画をどんどん推進した。拡大造林とはすなわち、ブナなどの広葉樹を伐採し、その跡に、成長が早く金になる杉やヒノキなどの針葉樹を植える森林施業計画を言う。

ブナは漢字で「橅」と書く。「木へん」に「無」、つまり「役に立たない木」と言われた。材質が硬く、腐りやすく、割れやすい。建築用材には不適だった。かつては薪炭用にされたり、リンゴ箱の材に使われたりした。「役立たずの木は、全部切ってしまえ」とばかりに『ブナ退治』の言葉が作られた。ブナを伐採、運搬のための林道が奥山まで延び、東北の山々は日を追うごとに皆伐地が拡大していった。秋田営林局は秋田、山形県内が管内で、木材生産は全国有数の実績を誇った。それだけ利益が多い。秋田営林局長が、次の林野庁長官になるという官僚の昇任コースさえできていた。しかし、ブナは無尽蔵にあるわけではない。秋田営林局は、昭和50年代にはいると、管内のブナの多くを切ってしまっていたのだ。最後に残された白神山地のブナ原生林に狙いを定め、ブナ伐採、運搬に使う道路として計画したのが青秋林道の建設計画であった。

環境問題が市民権を得ていない時代、奥村氏や鎌田氏が「白神山地のブナ原生林を破壊する青秋林道の中止を」と叫んでも、世論がそう簡単に変わるわけはなかった。苦闘は続く。それが、ブナの存在意味を見直し、秋田県民のみならず国民全体の意識を変えた、価値観の転換を促したのが1985年6月15、16日、秋田市を会場に開かれた「ブナ・シンポジウム」にあったのは間違いない。

会場は秋田市文化会館。主催は日本自然保護協会・ブナ原生林保護基金。実行委員会の会長が沼田真氏（日本自然保護協会理事長、当時）、運営委員長が西岡光子氏（白神山地のブナ原生林を守る会会長）、運営委員が奥村清明氏、鎌田孝一氏のほか福田稔氏、高山泰彦氏、佐久間憲生氏、田中洋一氏ら東北の自然保護団体の代表者。総括委員が石弘之氏（日本自然保護協会理事、朝日新聞編集委員）、全体の事務局長をつとめたのが工藤父母道氏（日本自然保護協会主任研究員）である。全国から約600人が参加した。

ブナ・シンポでの主な講演者、パネリストの名前を列挙すれば以下の通り。

梅原猛氏（哲学者、京都市立芸術大学学長）、前田禎三氏（元農水省林業試験場室長）、島田直幸氏（環境庁自然保護局室長）、高橋勲氏（林野庁経営企画課監査官）、西口親雄氏（東北大学助教授）、市川健夫氏（東京学芸大学教授＝ブナ帯文化提唱者）、斉藤功氏（筑波大学助教授）、渡辺誠氏（名古屋大学教授）、安田喜憲氏（広島大学助手）、石川純一郎氏（静岡県民俗学会代表理事）、中村芳男氏（神奈川・丹沢自然保護協会会長）、鎌田孝一氏、工藤茂

美氏（白神山地のブナ原生林を守る会）、根深誠氏（青秋林道に反対する連絡協議会）、志田忠儀（ただのり）氏（朝日連峰ブナ等の原生林を守る会）、中村正氏（岩手県自然保護協会事務局長）、峯浦耘蔵（うんぞう）氏（宮城県田尻町長）、星一彰氏（福島県自然保護協会会長）、宗像英雄氏（北海道自然保護協会理事）、浅井孝雄氏（石川県白山自然保護センター所長）

筆者は当時、新聞社の青森支局に勤務していたが、秋田で開かれるブナ・シンポには何としても参加したかった。自分の管内ではないが、仕事の合間を縫って秋田に駆け付けた。会場で、参加した人たちが口々に語っていた言葉を、今でもよく覚えている。

「よくもまあ、こんな顔触れを集められたものだ」

確かに、シンポジウムの講演者、パネリストの顔触れに、私も驚いた。民間で自然保護運動に取り組む人たちだけでなく、農水省、環境庁からも参加、青秋林道建設を推進する側にいた林野庁の担当者らも招いて、パネル討論を行った。各地で取り組まれた自然保運動の現地報告も、地域バランスをよく考慮していた。講演した大学の研究者は、梅原猛氏のような大物から、それまで地道に生態学やブナ帯文化の研究に取り組んできた研究者にもスポットを当てた。主催の日本自然保護協会が、時間をかけて自然保護関係者や研究者を調査し、官民に協力を要請し、周到な根回しをして開催にこぎつけたことをうかがわせた。

世論を動かしたマスコミの力は大きかった。

地元紙の秋田魁新報は「秋田市で初のブナ・シンポジウム　原生林の保護、育林急務」（6月16日付）と掲載、当日の内容は「原生林、後世へ継承を」（6月17日付）の見出しで見開き（2ページ）で紙面展開した。梅原猛、市川健夫、前田禎三、西口親雄氏らの講演、二つの分科会の報告会、パネル討論も詳しく紹介した。同紙はブナ・シンポ開幕前の6月11日から5回の連載「みんなの森　15日からブナ・シンポジウム」を掲載した。林業王国・秋田で、地元紙がこれだけのブナ・キャンペーンを展開したのは画期的な出来事だった。奥村清明氏は「『ブナって何？なぜ大切な木なの？』という程度の認識だった秋田県の人々も、ブナ・シンポジウムの連日の報道が契機となって、ブナに対する認識は深められ、ブナ林を守ることの大切さを理解してくれるようになったと思う」と話す。

地元紙ばかりではない。河北新報はブナ・シンポ開幕前の6月11日付で「ブナは縄文文化のふるさと」、シンポ開幕翌日の16日付で「ブナ守れ、の声渦巻く」の見出しで掲載、18日付でブナ・シンポの特集を組んだ。毎日新聞は原剛編集委員が「ブナの森、取り戻すとき」（5月16日付）の署名記事を、読売新聞は「子供たちに白神の自然を残そう」（6月17日付）の記事を出している。在京の新聞各紙、NHK、民放各局は、秋田県内、東北、そして全国へ、「ブナ・シンポ」の情報を立て続けに発信した。

朝日新聞はブナ・シンポ開催前の6月9日付で本多勝一編集委員の署名記事で「林道計画進む白神山地、危機にひんするブナ林」を掲載した。この記事は、本多氏が弘前の根深誠氏、日本自然保護協会の工藤父母道氏らと白神に入った時の山行（本書の第1章）を元にしたルポである。本多氏は記事で「これまでにニューギニアやボルネオの熱帯林から、亜寒帯気候の針葉樹林にいたるまで、世界のさまざまな原生林を見てきた。しかしブナ林ほど美しい森林はないだろう」と風景描写、ブナ林の森を育てる生命の豊かさと保水力の高さを謳い上げた。そして「地元の悲願」として着手された林道工事が、結局は「環境破壊」と「税金の無駄遣い」の結果しか生み出さないと指摘した。本多氏は秋田市で開かれたブナ・シンポジウムにも参加、熱心に取材していた。

会場では写真展を併設。夜は懇親会、2日目は二ツ森と小岳の2コースに分かれて現地視察を行った。

奥村清明氏は「ブナ・シンポで、私は会場設定や現地視察の準備に奔走した。裏方に徹した。しかし、あの時のマスコミの力、世論の変わりようには驚いた。シンポジウムをきっかけに、新聞各社が青秋林道建設に疑問を呈する社説を次々と掲載した」と振り返る。

青秋林道反対運動が「東北版」から「全国版」へ拡大する契機となった。「役立たずの木」と言われたブナが、「美しいブナの森」と呼び直されるきっかけをつくった。人々の見方、国民の認識まで大きく変えたのが「秋田ブナ・シンポ」であった。

ブナと縄文文化／梅原猛氏と安田喜憲氏

秋田市で開かれたブナ・シンポジウム。前項で「ブナに対する国民の見方、価値観を大きく転換させた出来事」と書いたが、それは、取材記者といえども同じだ。私自身、ブナ・シンポに参加して大いに勉強になった。なぜブナ林保護が大事なのか、その確信がなければ、林道建設推進派に対峙した時、自信を持って取材を進められない。縄文文化とブナ林の関係とは何か、その意味。そしてブナ林を守ることの大切さの確信を得たのが、秋田ブナ・シンポで講演した哲学者の梅原猛氏や、環境考古学者の安田喜憲氏の講演内容だった。両氏の講演内容の概略をここに収録する。

【梅原猛氏―演題「日本の深層文化」】

「縄文文化は、日本列島に栄えた古い狩猟採集文化であり、その土器は1万2千年前までさかのぼることのできる世界最古のものである。近年、縄文文化が日本文化の深層にあることが、次第に分かってきた。ブナ林は東日本に圧倒的に多い。東北は雪に埋もれて生産力も低く、文化は果つるところと考えられてきた。しかし、東北こそ、豊かな縄文文化の栄えた所である。そういった新しい文化論が考えられるようになった。

ところで、ブナ林が古く高度なものでその名残をとどめるにしてもなぜ今、ブナ林を守る必要があるのか、どうやって守るか、という実践的な課題があると思う。

自然保護に対する最大の反対理論は、第一に、自然を農地、宅地、牧場などにして生産力を上げることだけが大切だとする生産力理論だ。『自然を保護しても生きていけない』と言うのである。第二は、ブナ帯から文化が生まれたにしても、社会は農耕から工業へと発展している。『なぜ古い時代にこだわるのか』という進歩信仰、進歩史観だ。この考えの人々にとっては『自然保護は、進歩に逆行するロマンチストの夢』となってしまう。

ブナ・シンポジウムで講演する梅原猛氏=1985年6月15日、秋田市文化会館

しかし、ヨーロッパの生産力信仰や進歩史観は今、根本的な反省を迫られている。その理由を説明するには、人類史に対する深い考察が必要だ。狩猟採集文化が先端を行った日本に対し、ヨーロッパでは牧畜農耕文化が起こった。この文化は人間中心主義で、そこから工業文明も発生した。人間が自然を支配し、世界はヨーロッパに征服された。だが、今や世界支配は終焉を迎え、自然も人間に対する抵抗を始めた。人間中心の世界観が緑をどんどん潰し、人類は生きる地盤を失いつつある。今世紀

になって、それが目に見えるようになった。公害もその一つだ。

私はこれを『人間中心主義の病』と呼ぶ。人間中心の病は、日本にも強くある。しかし、日本はそれを癒す力を持っている。日本の農耕文化は、深層にブナ林と切り離せない縄文の狩猟採集文化があり、自然と人間が共存して生きた。それが現代まで残っている。牧畜を拒み続け、農耕も遅れたが、そのために残った縄文文化が『人間中心主義の病』を治す力になり得るだろう。

今後、人類にどういう哲学が必要か。まず、人間は宇宙の生命体の一つにすぎず、すべての生命との共存・共生の中で生きているということを改めて認識しなければならない。進歩信仰による歴史は、直線的に人間の欲望の方向に刻まれていく。これに対して、狩猟採集の縄文文化、すなわちブナ帯文化は『循環』の思想が根底に流れている。落葉しても翌春、芽吹き、緑を付けるように、木は生命の再生を毎年見せてくれる。人間の魂も同じだ。太陽や月も、一日、一カ月、一年ごとに時を刻み、人間も、死と再生を繰り返す。大きな自然の『循環の摂理』の中に生きている。

今や人類は、人間中心主義を根本的に反省しなければならない。森一つを壊しても、今はたいしたことでなくても、やがては人類の生存に関わってくる。木を伐ることは、自分の体を切ること。数万のブナを伐ることは、数万人の人々を切るのと同じだ。日本の片隅に、狩猟採集文化が残っている。この文化の伝統を、人類のために生かさなければならない。今こそ、自然との共存・共生の知恵を出し合い、21世紀を迎えるための思想、文化の転換が必要な時である」

【安田喜憲氏―演題「縄文時代における森と文化圏」】

「花粉分析で、日本列島は世界に先駆けていち早くブナの森が形成されたことが分かった。1万6000年から1万7000年前のことである。ブナの森ができた背景には、日本海の動きが深くかかわっている。氷河期、日本列島は大陸とつながっていた。これが氷河期の晩氷期、温暖化で海面が上昇、対馬暖流が流入し、冬期間、日本海側の積雪量が増加し、ブナ林帯が急激に拡大した。

ユーラシア大陸西部に目を転じても、トルコでオリエント・ブナが拡大開始するのは黒海に海水が流入を開始した7400年前以降のことであり、北西ヨーロッパ・ブナ林がアルプスを越えて拡大するのは約4400年前頃のことである。日本では、そのはるか以前からブナ林帯に覆われていた。

世界最古の土器の一つは、日本から見つかっている。土器の薄さからいっても、日本人は素晴らしい。本当かな、と疑問に思う人が多いだろうが、炭素同位体年代測定から日本の土器は世界最古で、1万6000年から1万7000年前にさかのぼる。日本列島にブナの森が拡大する時代に相当している。

対馬暖流の流入により、日本独自の海洋的風土が形成されていった。おそらく大型哺乳動物を狩りの対象としていた旧石器時代の社会が、草原が縮小し、森が拡大する中で行き詰った。そして冬の積雪量の増加が、大型哺乳動物の絶滅に拍車をかけたであろう。人々がブナの森の資源に強く依存するのに伴い、木の実を採集したり、煮炊きしたりするための土器ができた。縄文人は、自然の生態系を自らの文明系に取り入れた生活様式をつくっていった。その後、縄文文化は、弥生時代以降も、日本文化の進展の中に根幹として絶えず引き継がれている。ブナの森は、日本文化の母なる森である。

明治以降、人間中心主義の西欧文化に憧れと劣等感を抱き、追いつき追い越せとがむしゃらに生きてきた日本人。いつの間にか経済大国になったが、ふと気づいてみると、目標としていた人間中心主義の西欧文明の未来が怪しくなってきた。自らよって立つアイデンティティーとは何なのかさえ分からなくなってきた。収奪文明から共生文明への転換が必要な時代である。

1万年以上にわたって日本文化の根幹を形成してきた森の文化の伝統が、急速に瓦解していったのは高度経済成長期だ。里山は荒廃し、森の文化の伝統は急速に失われていった。その中で、狭い日本列島に原始のブナの森が残されている。それは、日本文化のアイデンティティーとは何かを物語っているのではないか。

森の民の心を取り戻し、ブナの森が日本文化のアイデンティティーであることを再認識する必要がある。世界の四大古代文明は、森を破壊し、収奪し、利用することで発生している。ギリシャ文明もメソポタミア文明も、人間が徹底的に森を破壊したため、砂漠化していった。『森の破壊は文明の滅亡につながる』。現代の日本人こそ知らなければならない」

◇

梅原猛氏と安田喜憲氏。両氏が予言したように、21世紀は環境問題が大きくクローズアップされる世紀となった。キーワードは持続可能な社会をつくる「循環」の思想。雪国の東北だからこそブナの森が形成され、循環の思想をベースにした縄文文化が花開いた。東北の人々にアイデンティティーを見いだし、誇りを与えてくれたのが両氏の縄文文化論であった。

（梅原氏は１９８７年、京都に創設された国際日本文化研究センターの初代所長となる。２０１９年、93歳で死去。安田氏は１９４６年生まれ。梅原氏に招かれ、創設間もない同文化研究センターの助教授に、１９９４年教授。副所長を経て、現名誉教授。名取市在住）

パンドラの箱を開ける／秋田から青森へ、ルート変更

物にはすべて「表」と「裏」がある。出来事にはすべて「光」と「影」の部分がある。秋田市で開かれたブナ・シンポジウムは、ブナに対する国民全体の認識を変えるほど大成功した。その部分を「光」とすれば、「影」の部分が青秋林道建設の予定ルートが、秋田県藤里

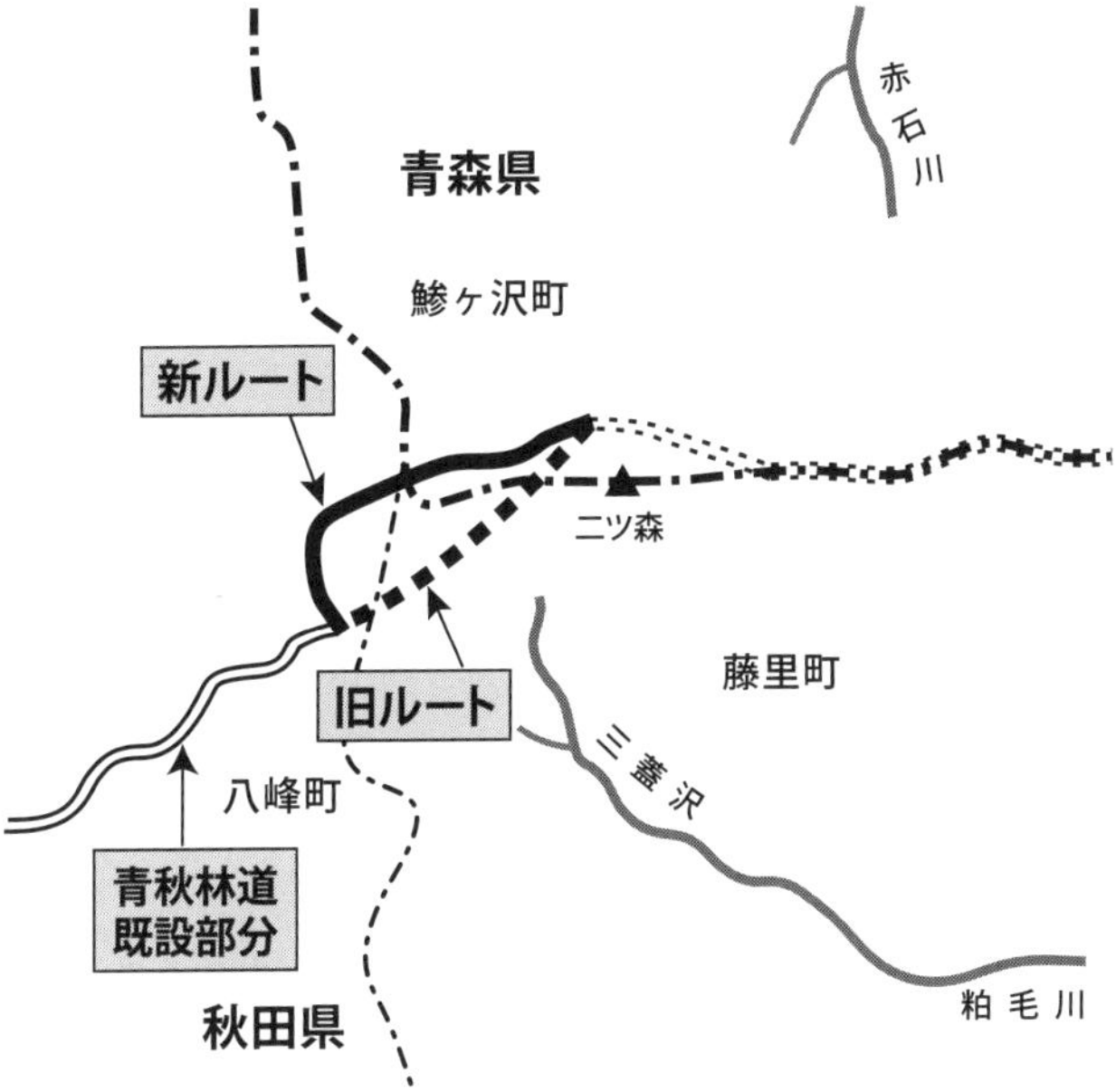

ルート地図

町から青森県鰺ヶ沢町へ変更されたことだろう。「秋田ブナ・シンポ」＝「光」と、「秋田から青森へのルート変更」＝「影」は、ほぼ同時並行的に行われていた。

　青秋林道の当初計画は全長が28・1キロで、秋田側9・2キロ、青森側18・9キロ。秋田側は八森町側の山腹を起点にスタート、二ツ森の南側にある藤里町・粕毛川源流の三蓋沢（さんがいざわ）を横切る形でルートが設定されていた。これが秋田ブナ・シンポの開催直前に、県境を越えて二ツ森の北側、青森県の鰺ヶ沢町・赤石川の源流部を横切るルートに差し替えられてしまったのである。総延長は、1・5キロ延びて

29・6キロとなった。

秋田ブナ・シンポが開催され、秋田ルートが青森ルートに変更された1985年の動きをたどれば、ブナ・シンポの盛り上がりの間隙を縫うように、ルートが変更された様子がよく分かる。秋田ブナ・シンポの大成功は、成功し過ぎて「青秋林道のルートまでも変えてしまった」のである。

【1985年】

・1月30日—鎌田孝一、根深誠氏ら秋田、青森県の自然保護団体代表が、日本自然保護協会の工藤父母道氏の案内で林野庁長官・田中恒寿氏に会い、白神山地ブナ原生林保護を直訴する。

・2月20日—秋田県、林野庁に青秋林道の計画変更について林野庁と協議する。

・4月11日—林野庁林道課長・田代太志氏が、衆議院決算委員会で、ルート変更を示唆する。

・5月7日—秋田県森林土木課長が、白神山地のブナ原生林を守る会に、ルート変更を伝える。

・6月6日—秋田県、県議会農林水産委員会で、ルート変更を報告する。

●6月15、16日—日本自然保護協会主催で、ブナ・シンポジウムを開催する。

・6月27日─秋田県森林土木課長が青森市を訪れ、青森県と青森側の自然保護団体に対して、ルート変更を説明、変更後の工事内容を伝える。

前項にあるように、秋田ブナ・シンポから11日後の6月27日、秋田県森林土木課長の米沢正氏ら2人が青森市にやって来て、市文化会館会議室で秋田県から青森県へのルート変更の説明会を行った。青森側は県庁自然保護課の職員や弘前大学の奈良典明教授（青秋林道に反対する連絡協議会初代会長）、牧田肇教授らが参加した。説明会で示された新ルートとは、藤里町の粕毛川源流・三蓋沢を避け、八森町から直接、青森県鰺ケ沢町の赤石川源流に入るルートだった。ルート変更の理由は「二ツ森の南側（秋田県側）は北風が卓越し、雪庇ができて道路が崩壊しやすい」と言い、純粋に「技術上の問題」との説明だった。1983、4年度に行った自然環境調査を元にしたと言い、壁に地図を張り、現場のカラー写真を持参して示した。ルート変更で総延長は1・5キロ延びる。青森県側に食い込む部分は秋田県が工事を行う、という。

青森県側の出席者は、この時までルート変更の話は誰も知らされておらず、一斉に反発した。「青森県内で秋田県が工事をやるというのに、何の相談もないのはおかしい。事前調査の話も、何も聞いていなかった」と自然保護課職員は言い、奈良教授も「白神の地形は非常に険しく、崩壊が予想される。ルートを変更してまで工事を急ぐ理由はない。建設そのものを中止してほしい」と訴えた。自然保護団体のメンバーからは「自然破壊に変わりはない」「秋田県内の自然保護団体の批判をかわすためではないか」などの不満が続出。2時間余もこんなやり取りが行われた。しかし、秋田県側は青森県の治山課には話を通してあると言う。「もう決まったことで仕方ないだろう、という話し合いの場の雰囲気だった。突然のことでこちらも現場を見ておらず、具体的な反論ができなかった」と牧田教授は言う。

しかしルート変更は、本当に技術的な理由だったのか。この問題を解くには旧ルートの予定になっていた藤里町の状況を知らなければならない。

藤里町で青秋林道建設の反対運動を始めたのが鎌田孝一氏で、1982年5月19日、林道建設中止の要望書を秋田県に提出した。

「なぜ青秋林道が、関係のない藤里町に入ってくるのか。八森町内で工事をする分には反対しないが『藤里町に入ってくるのは反対だ』と県に言った。ルートが青森県側の鰺ケ沢町に変わったのは、決して技術的な理由からではない。藤里町の反対運動があったからだ」と言う。

秋田県から青森県へのルート変更は、鎌田氏が反対運動を始めてすぐに、秋田県林務部が考えた腹案の一つにあった。鎌田氏の著書「白神山地を守るために」に次のような一節がある。

「反対を表明して間もない五十七年（1982年）六月、当時の高橋清町長から、鎌田くん、暇か、と電話があった。暇だというと、県の林務部長に会ってくれないかという話で、町長と二人で県へ出かけたことがある。

当時の林務部長は輪湖元彦さんだった。林務部長に会うと、路線変更をする、藤里には入らないようにするから、何とか林道を通させてくれないかという。わたしは、そういうことではない。白神に源を発する河川がたくさんあって、大きな害を受ける、農業用水や生活用水にも大きな打撃を与えることになる。その禍根を残さないために運動しているのだから、路線を変更しても納得できない。林道は中止していただきたい。八森の町興しは、別の方向で考えてもらえないものかと、申し上げた」（傍線筆者。以下同）

この記述にあるように、鎌田氏は反対運動を始めて間もなく秋田県林務部からルート変更の打診を受けていた。鎌田氏は断ったが、県は諦めない。林道中止を求める鎌田氏ら自然保護団体の申し入れに対して翌月の7月19日、県は生活環境部長の池田竹二郎氏と林務部長の輪湖元彦氏の連名で「（青秋林道の）開設を進めるに当たっては、要望の趣旨に沿うため、必要に応じ今後さらに林道予定線周辺の動植物に関する調査を行い、開設ルートの調整や、工種・工法の検討を行うほか…」と文書で回答した。「ルート調整」に含みを持たせている。

同月31日付の秋田魁新報の記事には、森林土木課長の竹内龍一氏が「『本年度分は自然保護団体とも話し合い、特に問題はないと考えている。ルートなどは今後も検討していきたい』と話している」とある。

ブナ・シンポ開催の前年度の1984年度、森林土木課長は虻川公寿氏になっており、計画変更（ルート変更）の件で、秋田県庁と林野庁、国会議員の間を行き来する記録が残っている。秋田県は、ルート変更案をずっと持ち続けていた。ブナ・シンポ開催前の1985年4月11日、国会では林野庁が衆議院の決算委員会で、秋田県選出の議員の質問に対して林道課長の田代太志氏が「青森、秋田両県が変更を要すると判断、申請があったらその意向を尊重し、適切に対処したい」と答弁、ルート変更を示唆した（4月12日付・河北新報）。

6月開催の秋田ブナ・シンポを前に、原生林保護運動が、最高潮に盛り上がっていた。秋田県は、たまらず「ルート変更」という「パンドラの箱」を開けてしまったのだ。この「ルート変更」が、結局は青秋林道の中止を呼び込む「決定打」になる。その経緯、背景については次章で詳述する。

◇

鎌田氏にルート変更を直接打診した輪湖元彦氏は、林野庁から秋田県林務部に出向していた人物である。私はルート変更を一番先に思い付いた人物は一体、誰なのかを知りたかった。輪湖氏に当たれば、何か手掛かりを得られるのではないかと考えた。輪湖氏は役所を退いた後、全国木材組合連合会の副会長を務めた（1988～2000年）。住まいは千葉市花見川区。輪湖氏に連絡を取り、問い合わせたのは2003年2月である。輪湖氏は何と言ったのか、取材ノートのメモにはこうある。

「私は秋田の後、名古屋に転勤になった。秋田県から青森県へ、なぜルート変更をしたのかと言われても、資料もメモもない。記憶がほとんど薄くなった。ただ、県を越えるルート変更となれば、部長段階で判断はできない。県だけでは決められない問題だから当然、林野庁にも話は上げていただろう。鎌田さんのことは覚えているが、ルート変更の話で（秋田県庁に来てもらって）直接会ったかどうかは、よく覚えていない」

私が、「鎌田氏の著書に『ルート変更の件で輪湖氏に会った』と書いてありますよ」と言うと、「そうあるならそれはそれで、引用していただいて結構だ」との返答だった。

輪湖氏は続けて、こう話した。

「鎌田さんは、藤琴川の出水問題を熱心に話していた。林道工事が（八森町から藤里町に）来ないように訴えていたのは覚えている。その後、白神に入山規制の問題が起きたのは知っている。その問題では、私は一般の人にも山を見てもらった方がいいのではないかと思っている」

鎌田氏は、林道建設中止が決まった後、前出の著書「白神山地を守るために」で、こう述懐している。

「林道建設反対に全国から1万3202通の異議意見書が集まった。林政史はじまって以来のこの異議意見書提出は、青森県にとっても、林野庁にとっても、さらには、強引に他県の自然を削りとって林道推進を計ろうとした秋田県にとっても、大きな痛手であったことは言うまでもない。国有林だからといっても、県・町村区域内にあって多くの恩恵を受けている中で、他県の触手が伸びてその自然をついばむことへの反発もあったのであろう」

青森へのルート変更後の影響を、鎌田氏は認識していた。

奥村清明氏には、直接うかがった。私が最も知りたかったのは、秋田県から青森県へのルート変更について、秋田県側の自然保護団体が関与していなかったかどうかだ。奥村氏はこう述べた。

「ルート変更について、『守る会』から政治家とか役所とかに働き掛けたことは一切ない。秋田県議会での常任委員会の動きも、私は知らなかった。ただ、ルート変更になった二ツ森の南側、粕毛川源流の三蓋沢は、それは険しいよ。私らがルート変更を知らされたのはブナ・シンポ開催の直前、1985年5月7日で、県の森林土木課長に説明された。しかし、ルート変更と言われてもピンとこなかった。青森県側は、ルート変更にそんなにこだわっていたのだろうか」

私は「二ツ森の北側（青森県側）だって険しいですよ。同じではないですか」と反論した。そして「秋田県側の自然保護団体は、事前にルート変更を知っていたのに、なぜ青森県側の自然保護団体に連絡しなかったのか」と質問した。奥村氏は「ん…。後々、大ごとになるとは、その時は考えつかなかった」と答えた。

私は、ブナ・シンポ当時の秋田県林務部の森林土木課長・米沢正氏に連絡を取り、話を伺った。米沢氏は「鎌田さんには会ったことがない。奥村さんには2、3回会ったと思う」と言う。そして秋田ブナ・シンポの11日後の6月27日、青森市を訪れ、青森県側の自然保護課の職員や、自然保護団体にルート変更を説明した時のことについてこう語った。

「私が森林土木課長になった時は、秋田県から青森県へのルート変更は、既に決まっていたことだった。レールは敷かれていた。二ツ森の南側は雪庇ができて林道工事は無理、技術的な問題だ。『おたくの方（青森県治山課）だって、合意したではないか』と、その場で言ってやった。青森側は被害者意識がある。ただ、ルート変更の出だしの部分については、私は分からない」

米沢氏は、ルート変更が構想された初期段階のことは、何も知らされていない様子だった。秋田県林務部長の輪湖元彦氏が鎌田孝一氏にルート変更を打診したのは1982年6月で、この時は鎌田氏に断られた。しかし秋田県庁は諦めず、1983、4年と、ルート変更しようとした青森県側の二ツ森の北側部分について自然環境調査（環境アセス）を行った。ブナ・シンポ直後の1985年6月27日、新任の森林土木課長の米沢正氏は「ルート変更は既定路線」との認識で、青森県側に説明した。青森県は、治山課は了承していたが、自然保護課や自然保護団体は、何も知らされていなかった。いつの間にかルートが変わっていた。話がかみ合う訳はなかった。

秋田県林務部と林野庁は、青秋林道工事予定地の藤里町で反対運動に遭い、鎌田氏らの意向を「忖度（そんたく）」して、ルート変更を考えた。八森町では「青秋林道建設を促進する会」（鈴木均会長）や「八興会」（佐藤克美会長）がつくられ、「過疎脱却に青秋林道の開設は不可欠だ」と各界に強く訴えていた。林道工事がそのまま進めば、八森町と藤里町がぶつかり合うのは明らかだ。事態を回避するには、対立の根にある藤里ルートを青森県側に回すほかにない。ブナ・シンポ開催で世論が盛り上がり、抗しきれずに、問題を青森県側に「丸投げ」したのだろう、というのが筆者の見方である。新ルートは秋田県側から見えない地形になっている。

ルート変更について、関係した人の名前が、林野庁、秋田県庁で入れ替わり立ち代わり、年月を隔てて何人も出てくる。誰が一番先に発想した人物なのかは特定できなかったが、「構想」がいつの間にか「既定路線」に変化し、突き進んでいった。結果として秋田県庁は、秋田から青森へのルート変更という「パンドラの箱」を開けてしまったのだ。

◇

秋田県側からルート変更の説明があった月の翌月の１９８５年７月25日、青秋林道に反対する連絡協議会は、奈良典明会長名で秋田県の佐々木喜久治知事あてに以下の要望書を提出した（要約）。

「6月27日に秋田県の森林土木課長からルート変更について説明を受けた。われわれはこの際の説明内容、質疑について慎重に検討した。この結果、秋田県知事にルート変更の全面的な見直しを要望することとした。

ルート変更周辺について秋田県は自然環境調査を実施したとの説明があったが、その内容や結論については、全く説明が無い。ルート変更が行われた場合、（青森県側の）工事予定地は地形・地質的条件や積雪などの気象条件から、毎年崩落による道路の決壊が避けられず、地元自治体による補修や維持管理のための経費負担だけが残ることになる。

林道建設の目的の一つに『広葉樹材の活用』があるが、秋田県側には藤里町の粕毛川源流域にしか、ブナはもうない。藤里町側から青森県内にルート変更し、青森県内にある広葉樹林を利用しようとするのであれば、まさに地方自治制度の根幹にかかわる重大問題であり、青森県民として絶対に許容できない。

ルート変更となれば下流の青森県鯵ケ沢町の赤石川流域に土砂流入、汚濁などの悪影響が及ぶ。また、ルート変更した所で交通事故がおきたら、警察はどこで対応するのか。今回のルート変更は、青森県民としては、絶対に容認できない」

青森県側は厳しく反発した。秋田から青森へのルート変更は、青秋林道建設反対運動の局面を180度変える大きな出来事だった。

第四章

舞台は青森へ、林道はなぜ止まったのか

仕掛け人

登山家で著述業の根深誠さんの家は、弘前市南郊の住宅地にある。残暑厳しい9月初め、久方ぶりに自宅を訪ねた。庭の真ん中に大きなブナの木がある。「青秋林道反対運動が落ち着いたころ、白神山地の櫛石ノ平（青森県鰺ケ沢町）からブナの実生（みしょう）を持って来て植えた。あれから30年以上たつ。ずいぶん大きく育った」と話す。1階の屋根を軽く越す、高さ7、8メートルはありそうだ。緑の葉が天に向かって生い茂る。「猛暑の夏は日陰をつくってくれる。冷房も要らず、とてもいい」と笑う。歳月の流れを感じさせた。

青秋林道建設の反対運動を組織し、一貫して青森県側の中心にいた人物が根深さんだ。林道建設に反対署名を呼び掛け、これに呼応して地元・鰺ケ沢町の赤石川流域住民が立ち上がった。「水を返せ」「森を返せ」―ブナが伐採され、川の水が減水し、自然が失われていくこ

とは、自分たちの暮らしが脅かされることだと住民は気づいた。「であれば、大事なのは森を再生させ、自然を元に戻すことではないか」。根深さんが自然保護、住民運動から学んだ教訓が「ブナ林の再生、地域との共生」である。実践の第一弾に、自宅の庭にブナを植えた。

林道中止後、白神山地の核心部は、世界遺産に登録された。しかし、その周辺には何カ所もブナの伐採地が広がっていた。第二弾として、白神の櫛石山・北斜面の伐採地を選んで「ブナ林再生事業」を企画した（1999〜2005年）。これは日本山岳会に働きかけ、同山岳会の創立百周年（2005年）に合わせた記念事業の一環として取り組まれた。

第三弾は「津軽百年の森づくり基金」の創設（2012年）だ。「街なかにも自然を取り戻そう」とJR弘前駅東口広場や市内の公園、大学キャンパス、お寺や神社にブナを植える「里山の森育成事業」を展開している。

根深さんは1947年、弘前市に生まれた。子供の頃は「釣りキチ」の父親と、毎日のように近くの小川にフナ釣りに出掛けた。小学、中学と、豊かな自然と歴史ある城下町で育った。

弘前高校に進学する。その頃、弘前の街なかに津軽藩の伝統を継ぐ彫金師の店があった。大正時代生まれの彫金師であり、一方で山男でもあった。店は、山好きの若者が出入りするサロンになっていた。高校生の根深さんもこの店に出入り。学年、高校の枠を超えた若者たちが店で山談義、たちまちのうちに引き込まれた。

高校1年の冬、思いもかけぬ遭難事件に出くわした。山仲間4人で岩木山へ向かった。麓までバスで行き、7合目でテントを張る。すると、近くにあった避難小屋から高校生が出てきて「仲間が帰って来ない」と言う。「私たちはあした山頂に行くので、あなたも一緒に来ればいい」と話した。翌日、5人で山頂を目指した。しかし、その高校生の疲労が激しく9合目で断念、下山して弘前警察署に通報した。これが秋田県の大館鳳鳴高校生・岩木山遭難事件（1964年1月）の第一報だった。結局、4人が遺体で発見されるのだが、高校生の大量遭難死は当時、大きなニュースとして全国に報道された。

岩木山から下り、学校に戻ると、校長は新聞記者の取材に対して「常々、生徒には冬山に注意するように話していたのだが…」と答えている。「ええッ、そんな話、聞いたこともない」。その後、私たちは生徒指導の先生に、まるで警察で取り調べを受けているような形で事情聴取され、3日間の自宅謹慎処分を受けた。

ところが、今度は弘前警察署から連絡が来てパトカーに乗せられ、警察署内に招かれて「通報してくれてありがとう」と感謝状と金一封を頂いた。その日、学校に帰ると、先生たちは「お前たち、たいしたもんだ。感謝状を見せてみろ」と言う。手のひらを返した先生方の言動。「一体、どうなっているんだ?」。理不尽な教師たちに対する憤りが、根深さんの「反骨精神」の原点になった。

大館鳳鳴高校生・岩木山遭難事件に遭遇して以後、勉強に興味が薄れ、山にのめり込んだ。成績は、中学時代は常に上位にいたのに、高校では山登りの回数に反比例するように落ちていった。

登山の対象は、岩木山が中心だった。白神山地には、暗門の滝に入ったり、西側に回って白神岳に登ったりしたが、全山縦走はしていなかった。

初めて縦走に挑戦したのは、高校3年の時だった。当時はマタギ以外入らない秘境の山塊。山の仲間3人で、五万分の一の地図だけを頼りに暗門の滝を登り、赤石川、追良瀬川を越えた。山の中にマタギ道があることなど、3人は知る由もない。沢を詰め、主峰・白神岳にたどり着くまで1週間かかった。イワナを手づかみで捕まえ、焼いて食べた。クマにも遭った。若さに任せた山登りだった。しかし、その山はいくら歩いても山のてっぺんまで木がある。森林限界がないのに気が付いた。「ひでえヤブ山だなあと思った」のが白神を縦走した時の印象だった。

弘前高校を卒業して明治大学に進学、山岳部に入る。しごきで知られる明大山岳部。冬の北アルプス、南アルプス、富士山を舞台に厳しい冬山訓練が行われた。部員が次々と脱落していく中で、根深さんは必死に耐えた。同窓の大先輩、探検家・植村直巳の指導も受けた。留年を繰り返し、卒業まで6年かかった。ＯＢとなり、職業も転々とする。やがてヒマラヤ遠征計画に参加する機会を得た。ヒマルチユリ（ネパール、７８９３メートル）遠征では頂上アタック隊に選ばれる予定だった。しかし直前に体調を崩し、ヒマラヤ登頂の夢は挫折、弘前に帰郷する。会社勤めをしながら、再び入ったのが白神の山々であった。

渓流を遡行し、イワナを釣り歩いた。登山とは違った山の楽しみ方を知った。沢を詰めると、小屋があった。西目屋村の白神マタギとの出会いである。マタギは、古くからの伝統を守る狩猟民。足が速く、しかも山を登る時も、川を渡渉する時も、歩き方が一定していた。落ち葉の具合を見て、クマが通ったかどうかを見分ける。イワナの顔を見ただけで、雄雌を区別した。空を見て、明日の天気を予測する。それがズバリ当たった。自然を観察する時の感覚が、現代人とまるで違うのである。ヒマラヤにばかり憧れていた山男が、ふるさと津軽の山の虜（とりこ）になる。縄文人の血を継ぐマタギに出会い、山の伝統、知識を体いっぱいに吸収していった。

マタギと行動を共にし、イワナ釣りを楽しんでいた頃、白神山地を縦断する林道建設計画の情報が、根深さんにもたらされた。弘前高校時代、白神を一緒に歩いた山仲間で青森県庁の自然保護課に勤務していた人物から「青森県の西目屋村から、白神を峰越しして秋田県の八森町（旧）を結ぶ林道計画が出てきたぞ。反対運動をしてはどうか。弘前大学の奈良典明教授なら県庁に顔が利く」と言う。

「反対運動？」と言われても、自然保護運動のイロハも知らない。山仲間のアドバイスに従って、弘前大学に奈良典明教授を訪ねた。奈良教授は生物学が専門で青森県自然保護の会会長も務めていた。「ただ反対、反対だけでは駄目だ。大義をはっきりさせ、世間に認識させることが大事だ」と言われた。

広大なブナ原生林が広がる白神山地。「あの山を分断してどうしようというのか」。権力と闘うためには理論武装が必要だ。根深さんは、自然保護関係の法律から勉強を始めた。そうして反対運動を始めるに当たって三つの基本方針を決めた。

①保存を求める範囲を大川、赤石川、追良瀬川、笹内川源流から白神岳へ、秋田県側は粕毛川源流とする。合計で1万6700ヘクタール（後の世界遺産登録区域とほぼ重なる）。白神山地で原生的自然が保存されていると判断した範囲を、山を歩いた体験を基に線引きした。

②山系の一部は既に国定公園に指定されていたのでダブりを避け、自然環境保全法に基づく自然環境保全地域指定を目指す。

③山系の名称は当初、定まっていなかった。「白神山地」の名称はあったが、役所は旧来の「弘西（こうせい）山地」（弘前の西部山系の意味）の名称を使ったり、秋田県側は始め、藤里町の「粕毛川源流域」に限定した名前で保護を要望したりしていた。根深さんは、主峰・白神岳（青森県側）に由来する「白神山地」の名称で統一し、青森、秋田県境の山系全体の保護を訴えることとした。

「白神山地の核心部、1万6700ヘクタールの自然環境保全地域の指定を目指す」――ここで白神山地ブナ原生林保護運動、青秋林道反対運動の原型がつくられた。

反対運動を支えたのは、山男で培った人脈だった。

弘前市内に町田商会という会社があった。津軽地方一円の農家を相手に肥料や種苗を扱った会社で、社長が町田泰助氏だった。町田氏は千葉大学の薬学部出身で、日本自然保護協会理事長の沼田真氏（後、会長）が千葉大学の生物学教授をしていた時代の教え子である。教え子とは言っても年齢は近く、兄貴分的な存在。沼田氏が、弘前で開かれた植物生態学会に出席するために来た時、町田氏から「お前も来い」と声が掛かった。場所は繁華街を外れた所にある小料理屋だ。「弘前にもこんな山男がいるよ」と沼田氏に引き合わせてくれた。

沼田氏に「原生林を分断する林道計画があって、反対運動をしようと思っているんですけれど」と話すと、「ぜひやりなさい。バックアップするよ」と二つ返事で全面支援を約束してくれた。持参したクマゲラの写真を見てもらった。

戦後間もなく、尾瀬にダム計画が持ち上がった。1949年、民間有志が尾瀬保存期成同盟をつくり、ダム計画を阻止した。この尾瀬保存期成同盟が改組、発展したのが後の日本自然保護協会である。沼田氏は、創設時から保護協会に関わっていた人物。「『山を守るために林道を止めたい』と言えば、沼田さんもすぐにピンと来たのでしょう」と根深さんは言う。

1982年8月、青秋林道の秋田工区が、次いで青森工区が着工になった。同月22日、弘前市で、青秋林道建設に反対する青森、秋田県の自然保護団体が、初めて合同会議を開いた。東京から来た日本自然保護協会の工藤父母道氏がコーディネイト、秋田県側からは鎌田孝一氏が参加した。青森県側は根深誠、奈良典明、小山信行、三上正光、田中洋一の各氏。根深さんは「どんな目に遭おうと、俺は絶対やる」と工藤氏に決意を伝えた。「なんといっても、沼田さんとの約束があった」と語る。

青森、秋田両県の青秋林道建設反対運動は、弘前会議を起点に本格的に、同時スタートした。

秋田側は翌1983年の1月22日に「白神山地のブナ原生林を守る会」を結成した。会長に西岡光子氏、理事長に鎌田孝一氏が選ばれたのは先に述べた。青森側は同年4月2日、奈良典明教授を会長に「青秋林道に反対する連絡協議会」を結成した（以下、「連絡協議会」）。根深さんは事務局長のポストに就く。

日本自然保護協会の沼田真理事長を紹介してくれたのは弘前の町田泰助氏だが、人脈はそれだけにとどまらない。千葉大学時代、町田氏が学生寮で相部屋だったのが、後に高名なジャーナリストになる本多勝一氏（朝日新聞編集委員）だった。本多氏は千葉大学と京都大学の二つの大学で学んでいる。本多氏が北海道取材の帰途、千葉大学時代の親友だった町田氏に会うために弘前に来た。再び町田氏に声を掛けられた。場所は歓楽街の鍛冶町、囲炉裏のある古風な居酒屋だった。「本多さんの本は皆、読んでいたので、すぐに話が通じた。本多さんは、記事に書いているのは過激だが、実物は話し方が優しく穏やかな人。えらい早食いの人だった」と第一印象を語る。日本の山からヒマラヤの話まで、同じ山男として意気投合、以後、交流を続けた。ペンで林道反対運動を支援したのは本書の第1章、3章で述べた通りだ。

連絡協議会は、県庁や営林署に林道中止を申し入れたり、ブナの森観察会や写真展を開いたりして啓蒙活動に取り組んだ。根深さんは各地で幾つもの講演会をこなした。新聞や山岳雑誌に投稿して白神の素晴らしさを訴えた。だが、反対運動への理解は広がらない。

根深さんの自宅の、玄関ドアのガラスが破られた。夕方、学校から帰った小4の長男が最初に見つけた。直径10数センチもあるほどの大きな穴。誰かが、大きな石を投げつけたのだろう。次は勤務先の社長に呼ばれた。社長は地元の政財界筋から「お前の会社ではなんであいう奴を雇っているのか、と嫌味を言われた」と言う。「俺の立場も考えてくれ」と、ついに解雇を申し渡された。会社をクビになり、自律神経失調症になり、めまいや倦怠感で疲れ果て、山にこもる日々が続いた。

職を失った根深さん、やがて物書きへ転身する。明治大学山岳部時代、気象・記録・図書係をしていた。書くことに抵抗はなかった。体調が回復すると、本を出版し、新聞・テレビの取材にも積極的に応じた。白神山地の名は東北へ、全国で知られるようになった。しかし、一度始まった公共事業が、そう簡単に止まるわけはない。秋田市で開かれたブナ・シンポは国民の意識を変えるほどの大成功を収めたが、それでも青秋林道が実際に中止になると見通した人は、誰一人としていなかった。青森、秋田県で林道建設反対運動に取り組む人たちの苦悩は続く。

局面が全く変わったのは１９８７年、青森、秋田県で自然保護団体が正式発足して４年目秋のことであった。

保安林解除に対する異議意見書

「青秋林道はなぜ止まったのか」。このテーマを読み解くには、工事が始まろうとしたその時間、その場所に立ち返らなければ、分からない。反対運動の天王山は１９８７年秋、舞台は青森県鰺ケ沢町だった。林道建設問題の存在さえ知らされていなかった住民は怒りを爆発させた。有権者の半数が林道建設に「待った」を意思表示、これが林道を中止させる決定打になった。

「今更、30年以上も前のことを洗い直しても」と見る向きがあるかもしれない。しかし、私はそれは違うと思う。青秋林道が中止されることによって白神山地のブナ原生林が守られたのであれば、白神をどう守るかは、自然保護運動、住民運動の成果が管理計画に反映されなければならない。そうでなければ、人々が自然保護運動、住民運動に取り組む意味がない。

林道を中止させ、その成果として当時の人々は「入山禁止」を求めていたのだろうか。「事の始まり」を検証し、本書の読者と共に考えてみたい。当時の取材ノート、資料、根深さんら反対運動に関わった人たちの証言を元にもう一度、「青秋林道はなぜ止まったのか」の再現を試みた。

◇

林道工事はこの年、雪解けを待って秋田県境を越え、青森県側に入ろうとしていた。秋田県側の藤里ルートが、青森県側の鰺ケ沢ルートに変更された経過は第3章で述べた。反対運動の現場が、秋田側から青森側に移されたのだ。

工事を推進する側に対して、工事を阻止しようとする側は、シンポジウムや講演会、ブナ観察会を開催して危機感を訴えた。青森、秋田両県、青森、秋田両営林局、林野庁に工事の凍結を、幾度も幾度も申し入れた。

「だが、いかに多くの犠牲を払っても林道をどうやって止められるか、誰も分からない。追い込まれていた。先が見えず、会合を開いても発言する者は少なかった。林道工事のルートは、まるでのどもとに突き付けられた匕首のように感じた」

根深さんは、連絡協議会の人たちの当時の心情をこう表現する。

そんな時、日本自然保護協会の本部から連絡が入った。ルート変更された建設予定地の鰺ケ沢町・赤石川源流域の1・6キロは、森林法による水源涵養保安林に指定されていて、工

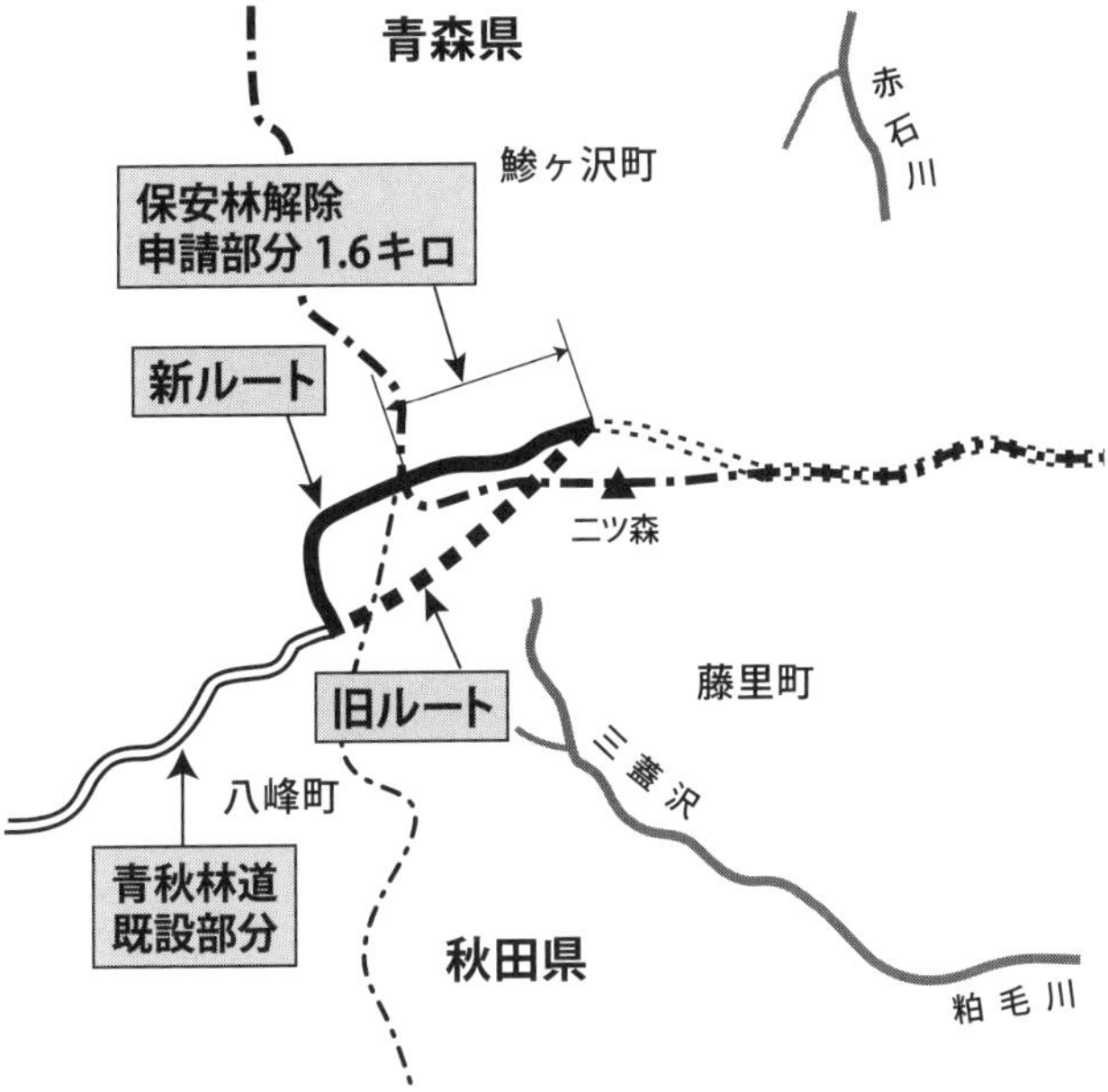

保安林解除に対する申請部分1.6キロ

事に入るには保安林解除の手続きをしなくてはならない。森林法では「保安林解除に伴い、直接の利害関係者は、不服があれば予定告示後30日以内に異議意見書を提出できる。受理されれば、林野庁は公聴会を開かなくてはならない」とある。「この手を使ってはどうか」という知恵を授けてくれた。

森林法に「直接の利害関係者」とあるのは誰か、思案すれば、直接影響を受けるのは、林道工事予定地の下流に住む赤石川流域住民しかないだろう。もはや対抗手段は保安林解除に対する異議意見書提出しかなかった。

連絡協議会は、青森県や鰺ケ沢町に、保安林解除に反対するよう要望書を提出した。推進派、阻止派のつば競り合いが続く。膠着状態が続く中、青森県は6月8日、知事印を押し、保安林解除に同意する意見書を青森営林局に提出した。さらに実際に保安林を解除するには、県は事前に解除の予定告示をしなくてはならない。しかし県当局も自然保護団体の反発を予想して二の足を踏む。予定告示は7月から8月へ、8月から9月へと、じりじりずれ込んだ。やがて工事が出来なくなる冬の季節がやって来る。ギリギリの攻防戦が続く。

連絡協議会の人たちは「もしかして、赤石川流域住民でも10人ぐらいは署名してくれるかもしれないなあ」「こうなったら引き延ばし作戦だ。10人でも何人でも署名を集めよう。もう一冬、工事を先送りさせ、次の作戦を考えるほかない」と語り合った。保安林解除の予定告示が刻々と迫っていた。連絡協議会は9月初め、初めて地元に入り、JR鰺ケ沢駅前で「今、赤石川が危ない」と書いたチラシを配布した。チラシの総数は合計5000枚にも上る。9月末日には鰺ケ沢町舞戸でシンポジウムを開催、自然保護団体、内水面漁協、町助役、営林署長がパネリストになって白熱した議論を展開した。しかし、もはやタイムリミット。連絡協議会が地元で啓発活動を開始して間もない10月15日、青森県はついに、その年度に予定していた二ツ森の北側を巻く1・6キロ分の工事予定地について、保安林解除の予定告示を行った。

連絡協議会は、保安林解除に対する異議意見書の署名運動をスタートさせた。署名提出期間は30日以内だ。

「住民に何の説明もなく、町長一人の勝手な判断で林道建設にゴーサインを出したのは許せない」。連絡協議会が配ったチラシを見た共産党鯵ケ沢支部の町議・成田弘光さんが立ち上がった。工事予定ルートが秋田側から青森側の鯵ケ沢町に変更されたことは、地元の共産党町議でさえ知らなかった。成田さんが、連絡協議会が開く反対集会の場所を借りる手続きをしてくれた。そして「みなさん、住民をないがしろにして今、青秋林道の建設工事が始まろうとしていまーす。弘前の青秋林道に反対する連絡協議会の○○先生と××さんのお話が本日午後7時より△△集会所でありますので、ご近所誘いあって、お越しください」と町内を宣伝カーで回って集会の広報をしてくれた。

「共産党が入って来ては誤解を与えるかもしれない」と言う会員もいた。しかし根深さんは「もう、共産党も何党も言っていられないだろう。時間がないんだ。来る者は来い。来たくない者は来るな」と、檄を飛ばした。

立ち上がる赤石川流域住民

10月19日夜、赤石川流域の最奥の集落、一ツ森地区の集会所で異議意見書提出を呼び掛ける1回目の住民集会を開催した。「山に近い所だから、山を知っている人たちが多いだろうと思って選んだ」と言う。そこが「奇跡の逆転劇」を演出する導火線になることなど、知る由もなかった。

一ッ森の集会所には、連絡協議会から根深誠さんと村田孝嗣さんが出て講演した。「これから一体、何が起こるのだろう」。集会所に集まってきた人たちは疑心暗鬼の様子だ。男たちは出稼ぎに出た者が多かったのか、結構、おばちゃんたちが目立った。参加者は30人ほど。石油ストーブを囲んで始まった。

黒板に、県境の二ツ森ルート変更図を書いて説明する根深誠さん。右下が村田孝嗣さん=1987年10月19日、青森県鯵ケ沢町一ツ森地区の集会所

・根深さん＝「みなさん、伐採したブナは、今まで9割が青森県外に運ばれています。それで地元のためになるんですか。これからまた新しい林道が出来れば、ブナ伐採や林道工事で森の保水力はますます失われてしまう。赤石川の源流部に手を入れるのは、人間にたとえれば脳ミソを傷付けるようなものです。町助役だって、先月のシンポジウムで『林道を造っても地元にメリットはない』と認めている。工事が始まれば、赤石川流域住民は、不利益を受けるだけではないですか」

・村田さん＝「昔、弘西林道（白神山地の北部を横断する林道）を造った時、業者は鰺ケ沢町でなく弘前の業者でした。今度の青秋林道は、造るのが秋田県の業者です。どちらも鰺ケ沢町とは関係ない。それで地元の振興になるんですか。少しも過疎対策になっていない。役人のメンツで仕事をしているだけだ」

根深さんは集会所の黒板に、秋田側から二ツ森の北側へ、鰺ケ沢町の赤石川源流にルート変更された地図を描いて説明し、「越境工事」の理不尽さを訴えた。住民は、自分たちの町に食い込むルート変更に対して、即時に反応した。

・37歳の男性＝「秋田県は、無理に青森県側にルートを通そうとしているのではないか。秋田は二ツ森の南側（秋田側）の崖は厳しいと言うが、北側（青森県側）だって険しい。そんなに林道が欲しかったら、峰の向こう側（秋田県側）を通せばいいだろう」

・55歳の男性＝「青森県知事は一体、何をやっているんだ。青森県内で秋田に工事をやらせるってことは、青森の知事が秋田の知事に負けたってことなのか。知事はハンコを押しただけで済ませているが、ここに住む我々はどうなる」

・60歳の女性＝「秋田の方だけ利益を得て、鰺ケ沢町には利益がないので反対します。主人も『反対』と言っています」

・37歳の男性＝「そんなに林道が欲しいなら、西目屋村と秋田の八森町だけ、自分たちの所だけ通せばいいんだ。赤石川の水は、生活の水だ。保安林に指定しておいて、なぜ道路を造るんだ。俺は何度か秋田側に峰越ししたことがあるが、はじめ、林道は赤石川を通るとは言ってなかったはずだ。いつの間にか赤石川を通ることになってしまった。そんなこと、今まで地元には何も知らされなかった」

・57歳の主婦＝「昔、赤石川にダムが出来た時（１９５６年）、ここの水を岩崎村（現深浦町）の発電所にくれてやった。今度は反対します。夏になれば水はほとんどなくなり、昔の3分の1に減りました。水がなければ気持ちが悪いし、赤石川名物の金アユも取れません。林道のことは、おととい家にチラシが回ってきて知りました。主人も反対しています」

異議意見書に次々と署名する住民たち（一ツ森集会所）

・59歳の男性＝「昭和20年（１９４５年）に、大然（おおじかり）で87人が死んだ洪水があったように、昔から赤石川には１００年に一度は大水害があると聞かされてきた。村外に、村のことを本気で考えてくれる人なんて誰もいない。今度の林道に賛成する理由は、どこにもない」

質疑応答を終え、主催者側が異議意見書の用紙を配ると、住民は争うように署名した。「まさか赤石川の上流で林道工事をしようとしているとは思わなかった」「都合の悪いことは、町役場はいつも知らせようとしないんだから」。集会が終わっても住民は口々に不満を語った。

問題の存在自体知らせてくれなかった行政側に対する不信感が、集会で一挙に爆発した。集会開催時間にやや遅れて、連絡協議会の菊池幸夫さんが駆け付けた。第1回集会に駆け付けたのは、この3人。参加者の反応を見て、「これはいけるんじゃないか」と〝奇跡の逆転劇〟を予感した。

1回目の一ッ森地区の集会で、大きな反響を呼んだ。次からは根深誠、村田孝嗣、菊池幸夫さんに加えて三上希次（青秋林道に反対する連絡協議会会長）、横山慶一（弁護士）、阿部東（高校教師）、斎藤宗勝（東北女子大学助教授）、工藤豊（勤労者山岳会弘前）の各氏が入れ替わり集会に参加した。上流から下流に向かって梨中、鬼袋、小森、種里、黒森、漆原、山子、南金沢、目内崎、舘前、日照田、姥袋、牛島、赤石など、30日間に流域の全19地区で集会を開催した。

以下は10月27日夜、日照田地区集会でのやり取りである。

・三上希次氏＝「20年前の赤石川には、アユがいくらでもいた。山に清流が流れ、櫛石ノ平には見事なブナ林が広がっていて、イワナを釣り、山菜採りをして1週間も過ごすことができた。今は、ハゲ山だらけだ。ブナの森が水をつくってきた。今、そこに秋田県が工事を進めようとしている。みなさんの奥座敷（赤石川源流）に、土足でドタバタ入ってくるようなものだ。住民は、怒らくちゃいけない。一体、町役場から林道工事の説明があったんですか。

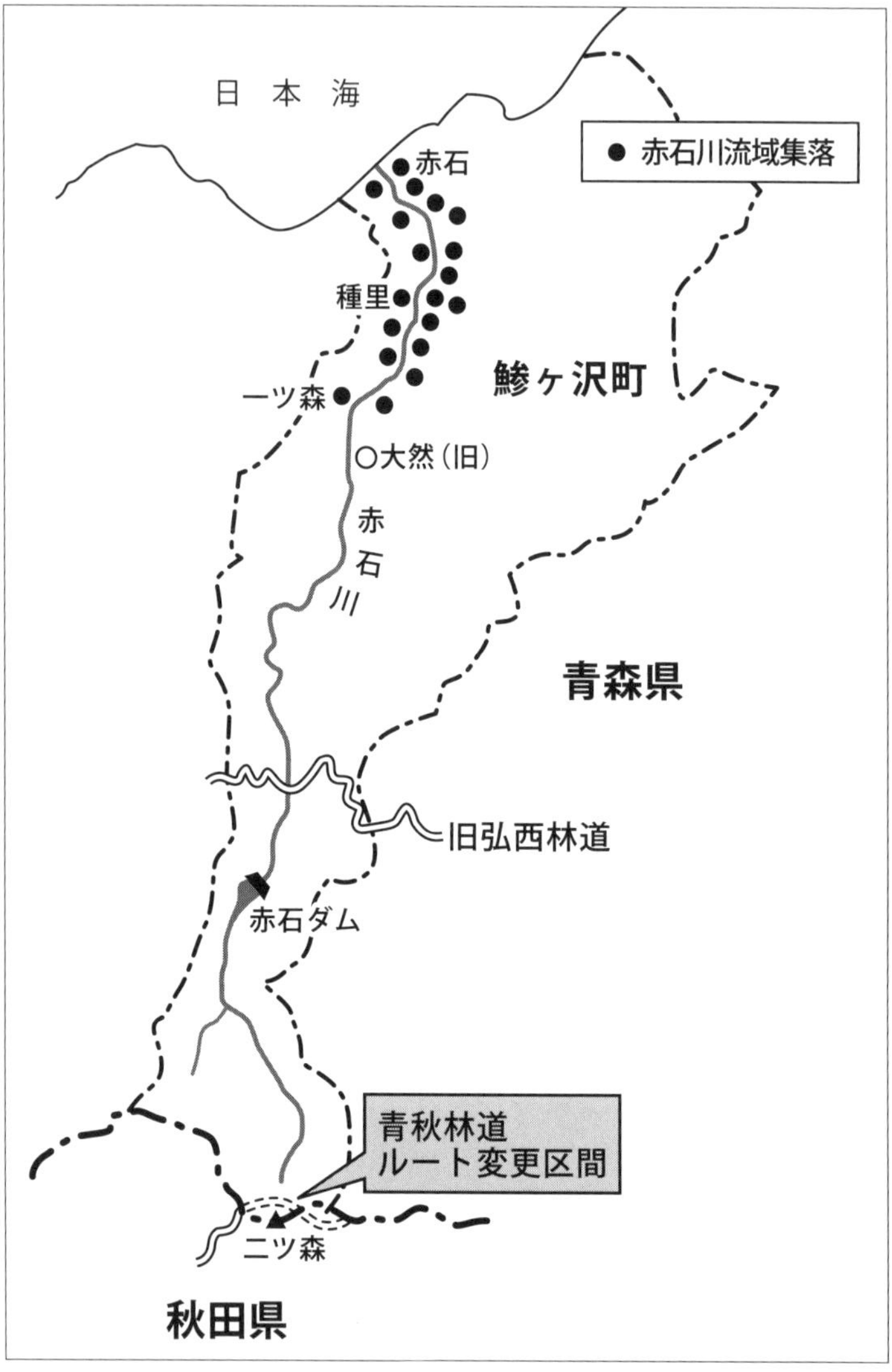

日本海
赤石川流域集落
赤石
種里
一ツ森
鰺ヶ沢町
大然(旧)
赤石川
青森県
旧弘西林道
赤石ダム
青秋林道
ルート変更区間
二ツ森
秋田県

赤石川流域の地図

先月、鰺ケ沢駅前で『今、赤石川が危ない』と書いたチラシをまいたが、林道計画があるのを知っていた人はほとんどいなかった」

・菊池幸夫氏＝「ここは、津軽のルーツだ。津軽藩祖の津軽為信公もここで（鰺ケ沢町種里地区）、生まれた。水があり、魚がいて、何かあれば山にも逃げられた。昔の人は賢かった。今はブナが伐採されてクマもサルもイヌワシも、餌がなくて困っている。二ツ森はずり落ちている山で、秋田県はそこに林道を造るというんだ。秋田県はもう、自分の県で切る木がなくなったんだ。林道が出来たって、木を秋田に持っていかれるだけだ。いいことは何もないんです」

・横山慶一弁護士＝「計画通りに林道工事が進んで、河川が汚濁し、土砂崩れが起きたら、誰が補償してくれるんですか。秋田県の八森町にそんな財政負担能力があるとは考えられないし、裁判にでもなれば20年も30年もかかってしまう。今、具体的に青秋林道に『待った』をかけることができるのは、下流に住む皆さんだけなんです。林道を止められるかどうか、日本中の期待を担っているんですよ」

住民から林道工事を批判する意見が次々と出た。

・52歳の男性＝「サルやらクマやらカモシカやら、このごろよく出て田畑を荒らすようになった。今までそんなことはなかったのに。山に木がなくなったからだ。あれではサルもクマもいられない」

・年齢不詳、男性＝「林道の話は、町から説明されたことは一度もない。決まってからでは遅すぎる」
・72歳の男性＝「林道工事を、町はいつ承諾したんだい？　昔の赤石川はきれいだった。水量が多くて、向こう岸に渡れなかった。今はどこからでも渡れるようになった。それだけ水が減っちまったんだ」
・61歳の女性＝「私は山が好きだから、タケノコやゼンマイ採りに山に入ります。でも、今度の林道は（二ツ森を北に回るだけのルートで）、私たちの町に来ないそうです。誰のための、何のための林道なのでしょうか」
仮に青秋林道が出来ても、町と道路がつながっていない。林道は秋田県境の二ツ森を巻いて造られるだけで、町から行くには、その間の広大なブナ原生林を歩いて行かなくてはならない。しかも、とんでもない距離がある。この女性の声は、林道の秋田工区が県境の赤石川源流に食い込むことによって「青秋林道は鰺ケ沢町を通る林道なのに、町民が利用できない」という矛盾を突いた言葉だ。

主催者の連絡協議会と赤石川流域住民とのこんなやりとりが、連日連夜行われた。

鰺ケ沢町は南北に40キロあり、東西は10キロほどの細長い町だ。赤石川は最南端の秋田県境、二ツ森に源流を発している。ブナ原生林を縫って北流し、水をいっぱいにして里に下り、水田を潤す。川はさらに水量を増し、日本海に注ぐ。流路総延長45キロ。

赤石川で捕れる金アユが、土地の名物だった。エラから胸鰭が金色になる。「昔は川に入れば、足元に金アユが次から次とぶつかってくるほどたくさんいた。水量が多くて、長靴で向こう岸に渡れなかった。今は水が減って簡単に行けるようになってしまった」と住民は言う。

津軽の山々も、戦後の拡大造林、ブナ退治で伐採に次ぐ伐採が続いた。特に人の目が届きにくい奥地は、ハゲ山が広がった。赤石川の水量が減り、大雨になると日本海に土砂が流れ込む。タナゴやハタハタ、ヒラメが産卵場所にしているゴモ（海草）は、土砂が被さり、枯れてしまう。いわゆる磯焼けの現象が起きる。沿岸漁業の漁獲量は最盛期の半分以下に減少した。内水面漁協では、アユやヤマメ、マスの養殖・放流事業をしていた。それが集会で連絡協議会の人たちの説明を聞いてびっくり、幹部たちは、直ちに奥地の櫛石ノ平に現地視察に向かった。「奥地でそんなにブナが切られているとは知らなかった。行ってみたらブナがみんな切られて、ハゲ山になっているではないか。とんでもないことだ。許せねえ」と怒りを爆発させた。

櫛石ノ平を視察した漁協の若者が、以前、日本海に潜って撮ったという海底の写真を、根深さんに持って来てくれた。海草が枯れた海底の写真と、櫛石ノ平の伐採地の写真を見比べると、一方は土砂で埋まった海の墓場で、一方は土砂がむき出しになった山の墓場だ。まるで同じである。「これ以上、赤石川の源流に手が入っては大変だ」。内水面漁協の人たちは、組織を挙げて異議意見書の署名運動に協力、駆け回ってくれた。

集会に参加した農家の人たちも「異議意見書の署名用紙を10枚ください。後で送りますから」と言ってくれた。おばちゃんたちがお握りを差し入れ、「私たちのために一生懸命やってくれて、本当にありがとね」と励まされた。「異議意見書集めをして住民のエネルギーをひしひしと感じた。私たちの訴えが理解された時、勇気づけられ、生き返った気持ちになった。ヒマラヤの山に登頂した時と同じくらいうれしかったなあ。地元の住民が立ち上がらないと、こういう運動はうまくいかないものなんだと痛切に感じた」と根深さんは振り返る。

弘前から赤石川の集落まで、車で2時間かかる。車の免許のない根深さんは、定職もなく、はじめは、早めに一人でバスに乗って来て、各戸にチラシを配布して歩き、帰りは菊池幸夫さんの車に乗せてもらった。後には、菊池さんの車に乗せてもらって弘前の自宅と赤石川流域の集会所を往復した。

菊池さんは津軽昆虫同好会の会員で、いわゆる「虫家」である。根深さんの弘前高校の5年先輩だ。高校の英語教師で、当時は弘前の隣町に勤務していた。署名運動が始まると、補修授業を他の先生に頼んで早めに学校を出て、根深さんを拾って赤石川流域の集会所に駆け付けた。皆勤賞は根深―菊池コンビ。菊池さんは女房役に徹した。

村田孝嗣さんは根深さんの弘前高校の3年後輩。中学の理科の教師で、署名運動の時はほとんど十和田湖に近い小・中学校併設校に勤務していた。赤石川まで片道2時間半かかった。「時間がないので途中でパンを買い、車の中でかじりながら四駆で突っ走った」。日本海に近い牛島地区で開いた集会でのこと、おばあちゃんが、1983年5月に発生した日本海中部地震での体験を聞かせてくれた。秋田、青森県で100人の犠牲者をだした大地震だったが、そのおばあちゃん、「津波というのも珍しい。一度、見てみたいものだ」と山に向かわず、海の方に走って行ったという。津波が引くと、海の底が現れた。引いた潮が今度は岸に向かって押し寄せてきた。すると、泥水が何本もの柱になって天を突くように吹き上げた。「海の底は泥だらけだった」と言い、そのおばあちゃん、腰を抜かしたという。「海の底も、山の伐採地と同じで、荒廃していた。私たちも住民と話し合うことで勉強になった」と語る。

村田さんは野鳥の会の会員で、クマゲラ研究の専門家でもある。後、青秋林道に反対する連絡協議会の3代目会長に就く。

異議意見書集めの時、青秋林道に反対する連絡協議会の会長ポスト（2代目）にあったのが、三上希次さんだ。根深さんが弘前高校3年の時、仲間3人で初めて白神山地を横断したのは先に述べた。一人が1歳下で後に青森県庁の自然保護課にいて青秋林道建設計画の情報を流してくれた人、もう一人が2歳上の希次さんで、白神山地を横断した時のリーダーを務めた。地元の東奥義塾高校を卒業、市内で会社勤めをしていた頃で、当時20歳だった。その後、東京に出たが、やがて弘前にUターン。職を転々とした後、中心街の弘南鉄道・中央弘前駅近くにアウトドア店を開いた。林道反対運動で最も困難な時期、連絡協議会の会長を引き受けてくれたのが希次さんだ。白髪交じりの髭を生やし、丸い眼鏡。その朴訥さが、みんなに愛された。署名運動が始まると、赤石川流域の集会に通い、林道建設の無意味さを住民に訴え。一方、弘前の事務所で異議意見書の集約作業の陣頭指揮を執った。内臓を患い、病院通いもしていた。身も心もフル回転、過労でパンク寸前だった。店の経営も何もあったものではなかった。

消えた村・大然

赤石川流域での異議意見書集めは、大きな反響を呼んだ。その理由に、この地域の人たちが共有した大きな出来事を付け加えなければならない。最初に集会を開いた一ツ森地区で住民からも出たが、太平洋戦争中、水害で87人の犠牲者を出す大水害があったことである。一ツ森地区のすぐ上流、道路わきの高台に「大然部落（ママ）遭難者追悼碑」が立ち、碑文は大惨事の記録を、こう文字に刻んでいる。

「昭和二十年三月二十二日、夜来の豪雨により流雪渓谷に充塞。河川氾濫し屋舎氷雪に埋まり大然部落二十有戸、ことごとく其影を失う。夜半のこととて死者八十七人名、生存者僅かに十六名のみ…」

大然の集落は、山峡を縫って流れる赤石川が、ちょうど平野部に流れ出る辺りにあった。川に沿って20数戸が縦に並んでいた。そこから上流に家はない。最奥のマタギ集落だった。

この年の冬、青森市の積雪が観測史上最高の209センチに達するなど、津軽地方は大雪に見舞われ、3月は長雨が続いた。大雪で500メートル上流に自然のダムが出来、これに長雨が加わり、水圧で崩壊。どっと下流に押し流され、雪と土、水交じりの洪水となって集落を襲った。夜中の11時過ぎごろで、住民は皆、寝ている時間だった。そこに大洪水が襲来した。「水が来た、逃げろ」と叫び声。人々は着の身着のままで、裸足で飛び出した。集落を挟んで赤石川の反対側に小高い丘があり、その上に大山祇（おおやまずみ）神社が建っていた。死を免れたのは、神社に逃げた人たちだけである。祭壇に1本だけ残っていたマッチを使い、床板をはいで燃やし、夜通し暖を取った。助けを求め2人が下流の村に走ったという。

87人の犠牲者を出した大洪水だったが、時は敗戦の色濃い1945年の春、この大惨事が広く世間に知られることはなかった。遺体の収容は、敗戦となったこの年の夏までかかった。戦争中、村の若い男たちは何人も兵役で出征した。戦争が終わり、懐かしい故郷に帰った。そこで村が消え、何人もの家族が犠牲になった。身内全員を亡くした人もいた。初めてそれを知った時、何を思っただろう。

生存者は、村を捨てて2キロ下流の一ツ森地区に移り住んだ。根深さんらが最初に住民集会を開催したのが、その一ツ森地区だった。元の大然地区は、杉林やススキの原っぱになっていて、広い河川敷のようになっている。

異議意見書の署名運動は大水害から42年後のことだった。住民は連絡協議会の人たちから「赤石川の源流部が傷つけられる」と知らされ、大然の大惨事の記憶を眼前に蘇らせたのである。

初めて明かす舞台裏の真相

青秋林道の中止を求める異議意見書の整理、集計作業は、JR弘前駅前に近い弘前市品川町の元産婦人科医2階のアパートの一室で行われた。労山（勤労者山岳会）の人たちの斡旋で1カ月間、貸してくれた。労山、釣りクラブ、野鳥の会の人たちを中心に、主婦、学生、会社員、公務員、退職者、農家など、1日に20〜30人がボランティアで集まった。夕方、三々五々駆け付け、作業は連日、深夜に及んだ。

1回目の一ツ森地区集会で集まった異議意見書は30通。これが集会を重ねるごとにどんどん膨らんだ。弘前市や青森市など、直接の利害関係者に該当しない人たちからも続々と寄せられた。それが青森、秋田全県へ、東北各県から千葉県、神奈川県、東京都と全国に拡大した。

郵便はがき

料金受取人払郵便

秋田中央局
承認

3702

差出有効期間
令和4年9月
30日まで

010-8790

414

秋田市広面字川崎
一一二—一

(受取人)

無明舎出版 行

I D		氏名		年齢	歳
住所	郵便番号 (　　　　)				
電話		FAX			

愛読者カード　　　　　　　　　　　　　　ご購読　　年　　月　　日

◈本書についてのご感想。

購　入 書　名		購　入 書　店	

◈今後どんな本の出版をお望みですか。

購読申込書◈ このハガキでご注文下されば、早く確実に小舎刊行物がご入手できます。（送料無料・後払い）

書　　　　名	定　　価	部 数

http://www.mumyosha.co.jp E-mail info@mumyosha.co.jp

青森県庁に第1次異議意見書を提出して記者会見する自然保護団体のメンバー。左から秋田側の奥村清明、青森側の三上希次、三上正光、江利山寛知の各氏=1987年11月5日

林道建設に「待った」をかける異議意見書の第一次集計が行われた。その数はわずか半月で青森県側約2000通、秋田県側約1500通の合計約3500通に達していた。弘前市品川町の労山事務所では、午前2時まで集計作業が行われた。

1987年11月5日午前、青森県側は青秋林道に反対する連絡協議会の三上希次会長、同会計担当の江利山寛知氏、日本野鳥の会弘前支部の三上正光氏の3人、秋田県側は白神山地ブナ原生林を守る会の奥村清明事務局長と秋田県野鳥の会の高山泰彦会長の2人。合計5人が代表となり、段ボール箱5個に詰め込んだ第一次集計分約3500通の異議意見書を青森県庁に運んだ。提出先は、工藤俊雄・青森県農林部長。提出に際して、三上会長はこう告げた。

「これは単なる署名ではない。異議意見書であり、その背景には何倍もの多くの声がある。青森県知事は、勇気をもって青秋林道の中止を決断してほしい」

受け取った工藤農林部長は「遺漏ないよう書式を調べ、国（林野庁）に進達する」と述べた。三上会長はさらに「林道完成後、仮に災害が発生した場合、秋田県の八森町が災害補償するという約束はしてあるのか」と質問した。工藤農林部長は「約束はしていない。土砂流出のない工事をお願いしている」と答えるのにとどまった。

異議意見書を提出した5人は、部屋を替えて合同で記者会見した。三上会長は、記者たちに対してこう述べた。

「3500通の異議意見書は戦後最大であり、最終的には5500通を超える見込みだ。直接の利害関係者たる赤石川流域住民に限っても700通は超すだろう。我々は地元で多数の集会を開き、住民の意見を聴いてきた。赤石川源流に林道が出来て災害が発生したら、誰が責任を取るのか。住民には林道を造る計画さえ知らされていなかった。もし林野庁が門前払いしたら、国民はそれを認めるのか」

三上希次会長の声は、晴れやかに、堂々としていた。しかしそれでも、林道が実際に中止になると予想した者は誰一人としていなかった。

◇

弘前の労山事務所で異議意見書を整理、集約を進めていたころ、根深誠さんは連日連夜、赤石川流域の集落に通い、異議意見書の提出を呼び掛けた。

三上希次会長らが第一次異議意見書を提出する4、5日前、集会がスタートして10日ほど経過した日の深夜だった。赤石川の集会から帰宅した根深さんが、私が勤務していた新聞社の支局に電話をかけてきた。「住民の反響がすごいんだ。このペースでいくと、赤石川流域住民は有権者の半分、1000人が異議意見書に署名する勢いだ」と言う。私は、にわかに信じがたかった。「1000人？　本当に？」と問い返した。根深さんは「本当だ。1000人はいく。間違いない」と答えた。

しかし、いくら異議意見書の署名が集まったところで結局、林道が中止になることはないだろうと私は思った。青森県で過去にそんな例はあるはずもないし、環境問題に対する関心はまだまだ低い時代だった。しかし根深さん、村田孝嗣さん、菊池幸夫さん、三上希次さんら、身も心も、仕事も家族も犠牲にして、みんながあれほど一生懸命駆け回っているのだから、私は何とか林道を中止させる手はないかと考えた。赤石川流域住民の意思を無にしない方法はないか。思案に思案を巡らせた。

「温故知新」「歴史に学べ」と人は言う。そうして思い浮かんだのが「尾瀬」の例であった。尾瀬を縦断する自動車道路の計画は、尾瀬沼畔で長蔵小屋を経営する青年・平野長靖氏が、初代環境庁長官・大石武一氏（宮城県選出の衆議院議員。東北大学医学部出身の医師）の私邸を訪ね、計画の見直しを直訴。大石氏の政治決断と国民世論の後押しの中で、尾瀬自動車道は中止された。平野青年が、尾瀬の湿原を現地視察する大石長官を案内した。私は少年の頃、この出来事を新聞・テレビで、生ニュースで見た。「すごいなあ」と、胸が高鳴る感動を覚えたのを記憶している。

「日本の自然保護の原点」―それが自動車道を止めた尾瀬の保護運動である。「平野青年が大石長官に直訴したのと同じことが、白神でもできないだろうか」。つまり「根深さんが直接、青森県知事に訴えることはできないだろうか。そうすれば何か、道は開かれるかもしれない」。私はそう考えた。

青森県知事は北村正哉氏である。この年2月、自民党の支持をバックに3期目の当選を果たし、権力の絶頂期にあった。

根深さんから電話が来た翌日、今度は私が折り返し根深さんに電話した。「根深さん、北村知事に直接、訴える気持ちはありますか」と聞いた。「いいよ、もしそういう機会があるならば…」との答え。私は「それじゃ、やってみましょう。一か八か、駄目でもともとだ」と返した。新聞記者の私だが、問題解決のメッセンジャー役を自ら買って出た。その時、私は32歳。先のことなど何も考えない。若さに任せた行動だった。

1987年11月3日と4日の夜、私は北村知事の私邸を訪ねた。両日は不在だった。知事の私邸は青森市八重田、市街地東部の住宅街の中にある。警察や検事、県や市の幹部宅を回ってネタを仕入れるのが新聞記者の仕事。これを「夜討ち朝駆け」という。知事の私邸の場所は、以前から知っていた。

11月5日は昼間、青森県側が三上希次氏ら、秋田県側は奥村清明氏らが代表になり、青森県庁農林部に第一次異議意見書約3500通を提出した日だった。私はその取材をした後、県庁から支局に戻って原稿を書きデスクに出した。そして知らんふりをして車を飛ばし、夜の7時ごろ、知事の私邸を訪ねた。三度目の正直で、知事はその日、在宅していた。冷たい秋雨が降っていたのを、今でもよく覚えている。

私は知事の私邸のインターホンを押した。知事夫人が出てきた。「新聞社の者です。知事さんはいらっしゃいますか」と聞く。「居ますが、取材ですか?」と問われた。私は「いえ、取材ではありません。知事さんにお願いがあってきました」と答えた。間もなく玄関のドアが開けられ、知事本人が出てきて、左手の応接間に通された。長椅子に2人で向き合って座った。

以下が、そのやり取りである。

※

私＝「知事さんにお願いがあってきました。知事もご存じと思いますが、きょう、青秋林道反対の異議意見書第一次分3500通が農林部に提出されました。この反対運動の仕掛け人は、弘前の根深誠という人物です。この人物に直接会って、話を聞いていただけないでしょうか。私は、青秋林道問題に5年間取り組んできた記者です。青森に赴任して、初めて白神岳に登った時、青森には素晴らしい山がある。いい所だなと思いました」

（知事は夕方のローカル・ニュースを、テレビで見ていた。三上希次氏や奥村清明氏が第一次分の異議意見書を提出、記者会見して「青森県知事は、勇気をもって林道中止を決断してほしい」と語ったのを、テレビで見て知っていた）

知事＝「フン、何が『知事は勇気をもって中止を決断して』だ。住民運動か…。あの人たちは、自分の思いを何が何でも通そうとする、宗教じみた人たちだ。住民は煽（あお）られている。ただ煽られているだけなんだよ。俺は常に、青森県民が貧しさからどう這（は）い上がるかを考えてきた。俺は良いこと（六ケ所村の核燃料サイクル基地や下北半島の原発計画の推進）をしようとしているのに、あの人たちは、いつも反対しようとするんだから。なぜ、一本の林道に、それほどこだわるのか。それでは日本の国土開発が全然できなくなってしまうではないか」

（知事は明らかに、核燃料サイクル基地や原発の反対運動と、青秋林道の反対運道を同一視している様子だった）

私＝「そうではありません。根深さんは明治大学の山岳部のOBで40歳、探検家の植村直巳の弟子で、山男です。反対運動をしている人たちは、自然を愛する山男たちです。みんなで今、毎日毎日、汗を流して赤石川に通って、集会を開いて署名集めをしています。何とか考えていただけないでしょうか」

（私は、持参した根深さんの著書「ブナ原生林　白神山地をゆく」の本と、自分の書いた新聞の連載記事のコピーを知事に渡した）

知事＝「クマゲラか…、あんな鳥の一体、どこが、大事なんだ。」

私＝「クマゲラは、ただ運動のシンボルにしているだけです。1羽で、何百ヘクタールのブナの森がないと生きていけないんですよ」
知事＝「フン、ずいぶんと、贅沢な鳥だな」
私＝「本当は、あんな鳥なんか、どうでもいいんですよ。営林署が気にしているから、伐採反対のシンボルにしているだけです。地元の住民は、赤石川の水が減り、魚が獲れなくなったと訴えています。昭和20年の赤石川の洪水で、80人以上が亡くなりました。住民はみんな、その洪水のことを、よく覚えています。住民はみんな、心から林道の建設工事に危機感を持っているんですよ」
（しかし、私が何度訴えても、知事は取り合おうという態度は示さなかった。時に知事は、顔を赤くして私に対して怒りの表情を示した。知事と私、２人の話し合いは膠着状態に陥る。私はがっくり肩を落とした。「私の考えが、甘かった。こんなゴリゴリの保守的な知事、分からず屋に訴えようとした私がバカだった。来るんじゃなかった」と思った…。しばし沈黙が続いた後、さりげなく知事夫人が、お茶を持って応接間に入ってきた）
知事夫人＝「（根深さんの本を手にして）まあ、クマゲラの話をしていたの？　あなた、家（実家）はどこなの？」
私＝「福島県です」
知事夫人＝「まあ、福島だったら、うちの旦那と同じですね」
（北村知事は、会津藩士の末裔だから…。知事夫人とこんな話をしているうちに、同郷の

よしみを感じたのか、知事の態度は和らぎ、本音を話し始めた。3人で雑談した後、知事夫人はそっと応接間から退出した）

知事＝「俺だって本当は、青秋林道は役に立たない林道だと思っているんだよ。地元にメリットがないのは分かっている。しかし、俺はもう、保安林解除を認める文書にハンコを押してしまったんだよ。行政というのは、一度決めたことを変えるというのは、大変に難しいことなんだ」

私＝「…、…、」

知事＝「では、どうすればいいのか？」

私＝「…、…、知事さんに『どうすればいいのか？』と言われても、私もどうしていいのか分かりません。…、ただ、知事がハンコを押したのは、鰺ケ沢ルート3・2キロのうちの半分、昭和62、63年度分の保安林解除1・6キロ分です。ハンコを押した1・6キロ分は駄目でも、まだハンコを押してない残りの1・6キロについては、猶予するとか、ルートを見直すとかを言える余地があるんじゃないでしょうか」

知事＝「ン、…、あんた、なかなかうまいことを言うな」

私＝「根深さんたちは今、赤石川に通って、熱心に署名集めをしています。農家の人、おじいちゃんも、おばあちゃんも、みんな水量豊かな昔の赤石川を知っています。住民はみん

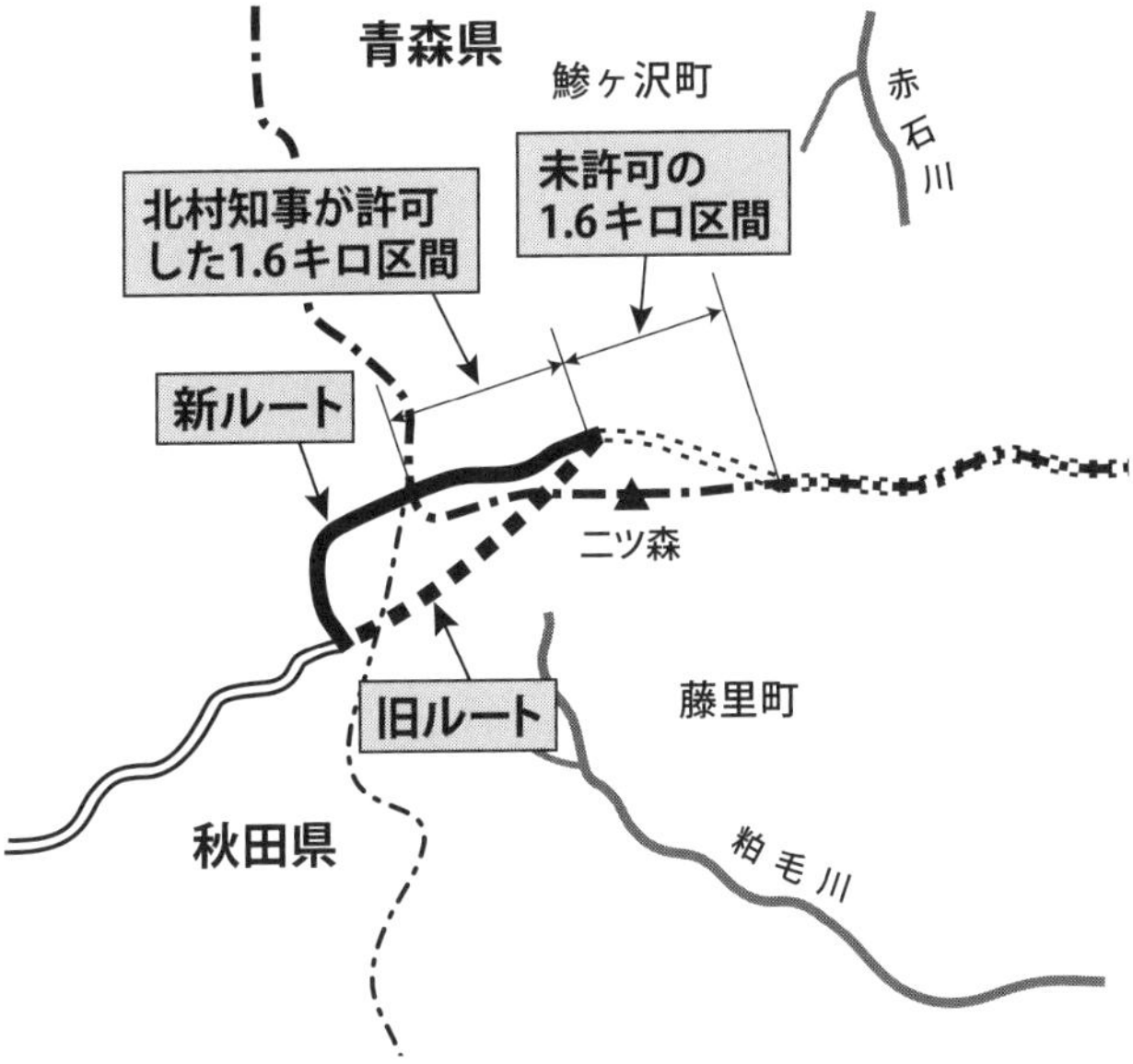

ニッ森の北側のルート地図

な反対して、赤石川流域住民の有権者の半分の1000人が反対署名しようとしているんですよ。問題になっている保安林解除の部分の鰺ケ沢ルートは、もともとは秋田県の藤里町を通ることになっていました。それが、無理やり、青森県側の鰺ケ沢町に替えられました。青森県内で、秋田県が工事をやるんです。おかしいじゃありませんか」

知事＝「青森県内で、なぜ秋田県が工事をやるんだ」

（知事は怒った）

私＝「そうです。工事をやるのは秋田県で、業者は八森町の業者です。他人の家に、土足で入るようなものですよ。道路が出来れば、ブナが切られて、切られたブナはみんな秋田県に持って行かれるんですよ。青森県の資源を食い物にするようなことをされて、それで鯵ケ沢町の人たちが一体、納得するんですか」

知事＝「…、…」

私＝「知事は現地を見たことがあるんですか。青森県側は原生林が残っていて、県境を越えると、秋田県側（八森町）は、ハゲ山だらけですよ」

知事＝「青森県側に原生林がたくさん残っているということは、（森林保護の面で）青森県は優等生ということではないか」

私＝「そうですよ。青森県には世界一のブナ原生林が残っているんですよ」

知事＝「しかし、いずれにしろ、この林道工事は（山が険しくて）そう簡単に進まないと思う」

私＝「青秋林道は、社会党や共産党ばかりが反対しているんじゃありません。県議会で、自民党の県議だって質問しているじゃありませんか。自民党の清藤六郎先生（黒石市）とか、公明党の間山隆彦先生（八戸市）とか。西目屋村には工藤光治という人がいます。この人はマタギで、山のことを昔からよく知っています。自民党の支持者でもありますが、そのマタギの人だって反対しています。西目屋村の住民だって反対しているじゃないですか」

知事＝「…、車でなく、人が通れるぐらいの道ならいいのか」

私＝「人が通るぐらいの道なら、それほど反対は起きないかもしれません」

知事＝「工事を急ぐことはない」
私＝「5年凍結でも」
知事＝「10年でも、100年でも、時間を置いて考えればいい」
私＝「昔、尾瀬の自動車道路の問題が起きた時、建設中止を決断したのは環境庁長官の大石武一さんです。それで尾瀬の道路は止まり、自然は守られました。尾瀬が守られたことで、大石さんは『名』を残しました。今、青秋林道中止を決断すれば、名知事の名が、後世に残りますよ」
（知事は顔を赤くした）

話し合いは2時間に及んだ。もう夜の9時、知事と知事夫人が2人で玄関先まで送ってくれた。知事は「あなたの言いたいことは、よーく分かった。だが、今は根深さんには会わない方がいいだろう。後は、俺が判断する。それでどうだ」と言う。私は「それで結構です」と答えた。知事夫人は「ああ、ちょっと待って」と裏手に回ってウイスキーを1本取り出してきた。「これ持って行って」と、おみやげに渡された。「どうもすみません。失礼します」と言ってウイスキーを受け取り、知事の私邸を辞去した。

※

私は支局に帰り、根深さんに電話した。「根深さん、うまくいったよ。知事は青秋林道を積極的に推進しようという気はない」と伝えた。根深さんは「ン…、」と答えるばかりで、戸惑った様子だった。

北村・青森県知事、林道中止を決断

翌日の11月6日はちょうど、月1回の知事の定例記者会見が行われる日になっていた。青森県庁2階の応接室に副知事以下、県の幹部をずらりと従えて、北村知事が現れる。知事は椅子に座る前、立った姿勢で私の顔を見て目配せをした。「これは、この場で何かを言ってくれるのではないか」と直感した。

核燃料サイクル基地やむつ小川原開発、下北半島の原発問題、東北新幹線の盛岡以北の延伸など重要な課題を抱えている青森県政だが、その月はそれらの課題が特に日程に入っていなかった。当たり障りのない県側の説明が終わった後、当番幹事社の放送記者が「ところできのう、青秋林道の第一次分の異議意見書が出されましたが、知事はどうお考えで」と質問を振った。すると、知事はこう述べた。

「よくまあ、こんなにたくさん集めたものだ。これから、もっと出るだろう。こんなに出るんだから、それなりに何らかの根拠があってのことだろう」

「ええっ」と驚いた放送記者、「ということは、どういうことでしょうか」と続けた。

「3500通の数を全く無視するつもりはない。バタバタと駆け足で工事を急ぐ必要もないだろう。推進派、反対派双方はそれなりの言い分があるのだから、両方の主張を満たせるような方法がないか、多くの人が話し合ってはどうか。場合によっては私自身が（事業主の秋田県と反対派の）話し合いの仲介に入ってもよい。林道周辺の木はもう切れないのだから（林野庁は、青秋林道周辺を「木を切らない自然観察教育林とする」と公表していた）、今までの概念にない新しい形での道路は考えられないか、それらを含めて検討の余地がある」

これが、青秋林道建設反対運動、白神山地ブナ原生林保護運動の潮目を変えた北村青森県知事の「見直し発言」第一声だ。

居並ぶ記者たちはびっくり。同席していた副知事以下の県幹部も、キツネにつままれた様子だった。記者たちは一斉に記者室に戻って「北村・青森県知事、林道建設を見直し」「知事が柔軟な対応示唆、異議意見書無視できぬ」「推進、反対派の対話を強調、話し合いの仲介も」の見出しで即時に青森県下、東北6県にニュースを発信した。

知事の見直し発言に、街でも農村でも漁村でも、みんな驚いた。「知事はどうしてあそこまで踏み込んで発言したのだろう」。人々は首を傾げた。ともかくも想定外の画期的出来事だった。青秋林道に反対する連絡協議会の三上希次会長は「知事の発言に敬意を表したい。私たちはいつでも話し合う用意がある」と述べ、根深さんは「民主的で立派だ。心が明るくなった。今、必要なのは対立した意見ではなく、知恵を出し合い解決策を考えることだ。私たちの意見も聴いてもらいたい」と新聞記者の取材にコメントした。

秋田県にも衝撃が走った。白神山地ブナ原生林を守る会事務局長の奥村清明氏は著書「白神山地ものがたり」に、「一一月五日、青森県庁で、青森二〇〇〇名、秋田一五〇〇名、合計三五〇〇名分の異議意見書を第一回目として提出しました。翌日の記者会見で、青森県の北村知事は、このような多数の異議意見書は、尊重したいと発言したのです。車の中のラジオで、たまたま、このニュースを耳にした私は、はじめ、アナウンサーが間違ったのではないかと思いました」と書いている。

同じ時間帯の11月6日夕、私は「北村・青森県知事、建設直し積極姿勢」の原稿を書き終えて支局のデスクに出した後、車を飛ばして再び知事の私邸を訪ねた。インターホンを押すと、知事夫人が出てきた。私はあいさつして、知事へのメッセージを書いたメモを知事夫人に託した。

「本日はありがとうございました。ただただ感激の至りです。北村知事は、ニッポン一の名知事として後世に語り継がれるでしょう」

知事の見直し発言は、事務方に事前の相談なしで行われた。驚天動地、突然の見直し発言は林道を推進してきた青森、秋田県庁、そして林野庁に激烈なショックを与えた。それにしても「核燃サイクル基地や原発を推進している知事が、どうしてあそこまで言ったのだろう」

とか、「誰かに言わされたんだろう」などという憶測まで飛び交った。しかし、地元紙の東奥日報に「青秋林道問題で、北村知事は近年まれにみる良識を示した」と読者の投稿が掲載された。「知事、よくぞ言ってくれました」と与野党の県議たちも支持を伝えてきた。時間の経過とともに、北村知事の英断にエールを送る県民世論が急速に広がっていった。

赤石川流域で展開中の集会では、知事の直し発言で「それいけー」のイケイケムードに早変わり、異議意見書集めは急激に勢いづいた。東北各地はもちろん、関東一円、京都市、大阪市、岡山市、松山市と全国から届く異議意見書も倍増した。

11月13日、第二次集計分の約９５００通が青森県庁農林部に提出された。記者会見した三上希次会長はこう述べた。

「青秋林道は住民の願いで造られるという計画になっている。しかし異議意見書が示すこの数字は、住民が本当は林道建設を願っていないのを表しているものだ。住民には林道計画は何も知らされていなかった。昭和20年に87人の死者を出した大然の大水害を記憶している人がたくさんいた。奥赤石川林道が出来て奥地までブナ伐採が進み、赤石川の水が濁り、水が減ってアユが捕れなくなり、サケの養殖事業も危うくなってきた。住民は水の変化を肌で知っていた。『水を汚す原因をつくってはならない』という意識が、住民にはある。白神山地は今、全国から注目されている。知事の英断で凍結してもらい。そうすれば全国の人たちから素晴らしい知事と評価されるだろう。秋田県に強引に押されて自然破壊する必要はない。

我々は話し合いの用意をしている」

異議意見書は、署名運動期間30日間で結局、総計1万3202通に達した。赤石川流域住民に限れば、有権者2692人のうち1024人が署名した。この時期、一家の主の多くは出稼ぎに出ていた。限られた期間で、事実上、有権者の半数近い住民が林道建設に「待った」の意思表示をしたことになる。根深さんは、署名運動がスタートして間もなく「赤石川流域住民から1000通は集まる」と予想した。私が知事に伝えたこの数字は、ズバリ的中した。

第2次異議意見書を提出する。先頭を行くのが三上希次会長

11月27日、北村知事は支持基盤である自民党青森県連の議員総会の場で、自らの考え方をこう説明した。

「開発の問題とは、開発によって得るメリットが、開発によって失うものよりはるかに大きくなければならない。だからこそ開発によって失うものを補償するという手法が生まれる。青秋林道はどうか、私自身、明確な判断がつかない」

流れは青秋林道中止に向かって奔流、もはや逆流することはあり得ない。林道建設に「待った」を掛けた赤石川流域住民の意思、それに呼応した北村・青森県知事の見直し発言。これが青秋林道の中止、白神山地ブナ原生林保護の原動力、決定打になった。わずか1カ月余り、あっと言う間の出来事だった。

◇

反対運動の渦中にあって「根深誠さんに、青森県知事の北村正哉氏に直訴してもらい、問題解決の糸口を探る」と思い描いたのが私の戦略だった。「根深さんには、すぐには会わない方がいいだろう」という知事の意向で、「それでは」と私が「代役＝メッセンジャーボーイ」になって知事に直訴した形になった。新聞記者として必ずしも褒められたことではないのは承知している。しかし、あの状況ではやむを得なかった。私は「いつの日か、なぜ北村知事が林道中止を決断したのか、本当のことを世に知らせるべき時が来るかもしれない」と思い、知事との「生のやり取り」を記録し、保存していた。今回がそれを公表する時期と判断した。

理由の第一は、青秋林道が中止になった舞台裏の真相を、一人でも多くの人たちに知ってほしいからである。本書出版の目的を、序文に「秋田・白神の入山禁止の見直しを求めること」と書いた。「青秋林道はなぜ止まったのか」。舞台裏の真相を知ることが、問題解決に少しでも役立つと考えた。林道を中止させた過程の中に、白神山地に「入山禁止」を求める発想が、どこかにあっただろうか。私は問い掛けたい。

弘前市で林道建設反対運動に立ち上がった人たちは、若い頃から白神の山に入り、沢で水しぶきを浴び、イワナを釣って焼いて食べた。テントを張り、焚火を囲んで夜通し「青春」を語り合った仲間たちである。青春を謳歌したその場所を、道路建設で物理的に破壊されることに危機感を感じて反対運動に立ち上がった。自然の素晴らしさを「体感」していたからこそ、わが子、わが親を守るように、身を挺して保護運動に取り組んだ。それが環境問題を考える人たちの共感を呼び、人と人の心の輪が、青森、秋田県に、東北に、全国に大きく広がっていった。自然の中に入って学んだ体験があったからこそ、理不尽な道路建設を阻止するために最後まで闘うことができた。その結果が「入山禁止」＝「山に入っちゃ駄目」では、自己否定にならないか。反対運動を起こした前提条件が崩れてしまう、と私は思う。

自民党青森県連の議員総会で「青秋林道には経済的メリットがない」と説明する北村正哉知事=1987年11月27日

弘前からやって来た自然保護グループの署名運動に呼応して立ち上がったのが、鯵ケ沢町の赤石川流域の住民だ。林道工事の予定ルートが、秋田側から鯵ケ沢町側に変更されていたが、住民には何も知らされておらず、怒った。林道が出来れば源流部が傷付けられ、土石が下流域に流れ、汚される。ブナが伐採され、川が減水し、名物の金アユがますます獲れなくなる。農業、内水面漁業、沿岸漁業が駄目になる。「戦時中、87人の犠牲者を出した大然の大洪水のような大惨事が、また起きるのではないか」と人々は過去の大災害記憶を蘇らせた。１カ月の短期間で有権者の半数近い１０

24通の署名が集まり、青秋林道建設に「待った」の意思表示をしたのは、地元住民の危機意識だった。その動きを私は目の前で、生で取材した。その場面で「入山禁止にしてでも山を守ろう」と語る住民は、誰一人としていなかった。

むしろ逆だろう。昭和30年代から、ブナ退治と称して営林署は奥山でブナを伐採し続けた。いつの間にか住民の知らぬ間に山はハゲ山になっていた。奥山を住民の目から遠ざけ、隠していたからこそ、こんな事態を招いた。「山を開放してほしい」というのが住民の本当の願いだと私は思う。

北村―根深会談

全国から寄せられた多数の異議意見書、そして赤石川流域住民の意思を受け、北村正哉・青森県知事は、青秋林建設の見直し発言を繰り返した。署名運動が終わった翌月の12月県議会は「青秋林道議会」となった。北村知事は議会でも一貫して「林道建設見直し」を答弁、「青秋林道は、造っても経済的なメリットがない」という考えを繰り返した。議員たちの間でも、ルート変更に伴う青森県側の不利益が知れ渡った。県議会では、まるでタガが外れたように与野党の県議たちが雪崩を打って「林道中止派」に回った（1987年12月7日）。

その12月県議会「青秋林道議会」の傍聴席に、根深さんがいた。議員の質問を終えて、正午から休憩に入った。私は、議場を出ようとした北村知事の所に駆け寄り、「知事、ごくろうさまでした。ところで今、この問題の仕掛け人が来ていますよ」と言い、傍聴席を指した。知事は「根深か…」と傍聴席に目をやり、そのまま知事室に入って行った。

知事の私邸での面談は実現できなかったが、もはや県議会で事実上、林道中止の結論は出た。知事に一度、根深さんを会わせたい、と考えた。「チャンスは今だ」とばかりに、私は秘書課員の制止を振り切って知事室の中に入ろうとした。「駄目、駄目」と言う秘書課員と押し問答。それを聞いていた知事が中から「まあ、入れ」と言ってきた。知事のＯＫが出たので秘書課員も諦めた様子。私と根深さんは、知事室の中に入ることができた。

北村知事は開口一番、「君が根深君か。ずいぶんと、自然保護運動に一生懸命だねえ」と語り掛けた。知事を前にして根深さんは深々と頭を下げ、「私たちの訴えに理解を示していただいて、ありがとうございました」と、お礼を述べた。

ところが知事は「いや、そうじゃない、違うんだ。俺は自然保護運動を理解したとか、同調したとかいう考えで、事業の見直しを決断したんではないんだ」と言う。根深さんも私も、戸惑った。知事は続けた。

「俺の仕事は行政だ。知事のポストにある者は、常に県民の利益を考えなくてはならない。青秋林道が青森県民の所得向上に1円でも寄与するならば、誰がどう反対しようと、自然を破壊してでも、俺は断固としてやる。それが政治というものだ。しかし、青秋林道はどうか。

あんな山奥に林道を造って一体、どれだけの利益があるのか。西目屋村から秋田県の八森町を道路で結ぼうといったって、はるかに、はるかに山を越して、地球からお月さんまで飛んで行くようなもの、それは大変な距離だ。お空の真ん中に道路を造るようなことをして、一日にどれだけの人がその道路を使うというのか。俺自身、メリットが考え付かない」

テーブルから天井を指す仕草をして、北村知事は淡々と語った。根深さんと私の2人の前にいる人物は、厳しい現実と常に対峙し、徹底して現実的尺度で物を考え、判断する一政治家の姿であった。その言葉は、舞い上がる自然保護団体の動きにクギを刺し、一方で役にも立たない林道を造り続けてきた林野行政に批判の矢を向けたのだった。

しばし雑談した後、知事室を退出した。もちろん、北村知事—根深会談は非公式会談であり、その間、10分ほどだった。知事室を出た根深さん、「お前に同調したのではない。カン違いするな」とクギを刺された。一方で知事は「青秋林道は役にも立たない林道。経済的なメリットがない」と批判する。「しかし、知事の言っていることと俺たちが言ってきたことと、あまり違わないような気もするなあ」と自問自答を繰り返した。「政治家とは、こういうものなのか」。根深さんは思った。

青秋林道を止めたのは経済的なメリット・デメリット論であり、自然保護に対する理解で中止を決断したのではない。「俺はお前の味方ではない」の言葉は、人と自然とはどうかかわっていくのかを、とらえきっていない。行政側も民間側も、まだ自然に対する共通理解を持っていないという この問題の根本を突いた。「では、人と自然の関係はどうあるべきか」「人々の共感はどうやって得られるか」。理念の構築を、根深さんは知事から宿題として預けられたのである。

後に回想して、根深さんは私にこう語った。

「『自然保護が大事だ、大事だ』と反対のための反対を繰り返しては、人々の共感は得られない。核燃料サイクル基地計画を推進する北村さんと、私の考え方は異なる。でも、北村さんは信念を持って生きた人、筋を通す人、会津藩士の末裔で本物のサムライだ。大事なのは地域との共生だ。白神の保護運動を通じて、知事からそう教えられた気がする」

これが、青森県知事が林道中止を決断した舞台裏の真相である。

職を捨て、家庭を犠牲にし、全速力で公共事業を中止させる社会運動に献身した多くの人たちがいた。みんな山に入り、山を愛した人たちだ。これに呼応して立ち上がった住民が求めていたのは「水を返せ」「自然を返せ」という叫びであり、大災害からふるさとを守りたい、暮らしを守りたいという素朴な心だった。求めていたのは「人と自然との共生」ではないのか。

最も困難な時期、青秋林道に反対する連絡協議会の会長を引き受けた三上希次さんは、元は弘前市内のアウトドア店の経営者だが、異議意見書の署名運動で仕事にならず、多額の負債を抱え、ついには店を閉じた。その後、タクシーの運転手をしたり、山に入って測量のアルバイトをしたりして生活をしのいだ。しかし、それもままならず、２００1年11月18日、死去した。56歳だった。若すぎる死だった。

自然保護団体を代表して異議意見章を青森県庁に提出、「青森県知事は勇気をもって青秋林道の中止を決断してほしい」と県民、国民に訴えた希次さん。生涯の晴れ姿だった。その希次さん、若い頃から根深さんらと白神に入って山を楽しんだ。反対運動に加わった理由を「あそこに道路を通されれば、自分の遊び場が荒らされるからだ」と話していた。そこに「人が山に入っちゃ駄目」という発想があるだろうか。

会津の人

北村さんは4期16年、青森県知事を務めた。青森県庁を去ったのは１９９5年年2月である。

父祖は会津藩士だった。

幕末、戊辰戦争で薩摩、長州藩を主力とした明治新政府軍に敗れた会津藩は、朝敵の汚名を着せられ、サムライ一家1万７０００人が現在の青森県の下北半島と五戸・三戸地方に流された。北村さんの曾祖父は会津藩士・北村豊三で下北に移住、次いで三沢に来て牧場を開いた。

北村さんは、1916年の生まれ。子供の頃から会津の精神を叩き込まれて育った。祖父、父と牧場を経営、自身も牧場を継ぐべく旧盛岡高等農林（現岩手大学農学部）に進んで獣医となる。卒業と同時に陸軍獣医少尉に任官、満州（現中国東北部）に渡った。太平洋戦争が始まる。終戦はインドネシア・スマトラ島で迎えた。マレー半島で抑留生活を送る。翌年、三沢に戻ったが、待っていたのは公職追放だった。その間、家具屋などをして極貧の生活をしのいだ。公職追放が解除になり、町議になる。次いで県会に出た。県議3期、副知事3期、そして知事4期、青森県政の中枢に参画すること40年に及んだ。「青森県民を、貧しさから這い上がらせる」――一貫してそれを政治信条にした。むつ小川原開発、東北新幹線・盛岡以北の延伸などの重要課題に取り組む。一方、六ケ所村の核燃料サイクル基地の受け入れ、下北半島の原発計画を推進した。政治家に100パーセント正しいとか、100パーセント誤りであるとかは、あり得ない。プラス、マイナスの両面を持っているのが政治家であり、人間である。北村さんの核燃料サイクル基地の容認や原発計画の推進について多くの批判があったのは事実だ。原子力政策を推進して自然保護団体と厳しく対立していたはずの北村さんが、なぜ青秋林道問題では中止を決断したのか。背景に血のにじむような自然保護団体の人たちの努力があったことを、もう一度見つめてほしいと思う。

北村さんの私邸を訪ね、青秋林道建設の見直しを直訴した10年後の1997年秋、私は取材で再び北村さんの私邸を訪ね、林道反対運動がクライマックスを迎えた当時を回想してい

10年ぶりに再会する。北村元知事と幸子夫人＝1997年9月7日、青森市の北村邸で

ただいた。林道中止後、世界遺産登録でパリのユネスコ本部など訪ねた経過を、うれしそうに話した。青秋林道反対運動を通じて、根深さんが知事から「地域との共生の大切さ」を学んだように、北村さんは根深さんたちから「自然や文化を守ることの大切さ」を学んだに違いない。青森市内で、運動公園として整備する予定だった場所で、縄文時代の遺跡、「三内丸山遺跡」が発見された。これをどうするか。悩みに悩んだ末、運動公園の施設は代替地を探し、遺跡の永久保存を決断した（１９９４年）。青森県が誇る自然遺産（白神山地）と文化遺産（三内丸山遺跡）を守った恩人として、北村さんは歴史にその名を刻んだ。

夫人の幸子さんは、旧盛岡高等農林時代の恩師の娘と聞いた。オシドリ夫婦として知られ、知事選挙の時、タスキ掛けして夫と遊説に駆け回っていた姿を、私は何度か見た。青森県政の難題が、知事の私邸に持ち込まれることもしばしばあった。時に来訪の県議らと熱い議論になり、怒鳴り合いになったこともあると聞く。頑固一徹、会津藩士の末裔である北村さんは、持論を曲げない。そんな時、女性の優しさで合いの手を入れ、支えたのが幸子夫人だった。

10年前、私自身が林道建設の見直しを北村知事に直訴した時、話し合いが膠着した時に、お茶を持って応接間に入り、クマゲラの話をしたり、私が会津と同じ福島県生まれであることを聞き出したりして、場を和らげてくれたのが幸子夫人だった。私が福島の人間だと聞いたその時から北村知事は態度が変わり、話を真剣に聞いてくれた。幸子夫人こそ、林道中止の一番の功労者だと、私は思っている。知事夫婦の長男は毎日新聞の記者で、当時は西ドイツ（旧）のボン支局特派員だった。私が知事に訴える姿を見て「自分の息子も、遠い国でこんな苦労をしているんだろう」と、きっと思ったに違いない。10年ぶりに幸子夫人に会うことができた。「あの時の記者さんですね。あなたのおかげで、いい方向に向かってよかったですね」と言われた。「いいえ、林道中止を判断したのは知事さんですから」と私は言葉を返したが、幸子夫人の言葉は、うれしかった。

歳月は流れた。２００４年1月25日、幸子夫人が亡くなった。84歳。北村さんは翌日の26日に亡くなった。87歳。命日が1日違い。最後の最後までオシドリ夫婦だった。１週間後、夫婦の合同葬儀が青森市内のホテルで行われた。参列するため、仙台駅から東北新幹線に飛び乗った。八戸で在来線に乗り換え、野辺地駅を過ぎた辺りから一面雪景色。車窓から陸奥湾の冬景色を眺めたのを、今でもよく覚えている。

（以下は私見、私事である。

北村知事に林道見直しを直訴した時、「クマゲラなんて、あんな鳥なんか、どうでもいいんですよ」と説明したが、あれはその場での方便である。私は赤石川流域で、本物のクマゲラを見た。その巨体ぶりと、飛ぶスピードの速さに驚いた。クマゲラは貴重な鳥だと思う。ただし、クマゲラの存在自体が林道を止めたわけではない。その点は申し添えておきたい。

私は、会津ではないが、福島県の飯舘村出身である。２０１１年3月の東京電力福島第一原発事故で、故郷の村は被災した。

北村知事の長男、北村正任氏は後、毎日新聞・編集局長、社長を経て日本新聞協会会長を歴任。青森市内で行われた知事夫婦の合同葬儀で喪主を勤めた）

第五章

何が問題だったのか

八森町の思惑、周囲とのズレ

青秋林道は、無駄な公共事業として中止された。では、そもそもこの林道はいつ、だれが、なぜ構想したのか。「何が問題だったのか」を問う第5章で、この問題の前提について触れないわけにはいかない。

話は1958年にさかのぼる。4月18日早朝、かんじきに登山靴の12人が八森町（旧）を出発、残雪の白神山地に入った。一行は町議、役場職員から成る町の「奥地踏査班」。「何とかこの山を越えて青森県と結べないか」。八森町は、南へ能代市、北へ青森県岩崎村（旧、現深浦町）に至る日本海沿いに道はあるが、東側には白神山地が壁のように立ちはだかっている。青森県の弘前方面に抜ける道路の開削は、長年の悲願だった。

一行は真瀬川沿いに山を上った。幾つかの山を越え、県境の峠に立つ。初めて見る。青森県側には驚くほどの広大なブナ原生林が広がっていた。八森町側はほとんどが民有林で、県境まで木は切り尽くされ、ハゲ山状態だ。「あの山の資源を、町おこしに利用できないだろうか」、そんな思いがあった。秋田、青森の県境沿いを東に歩く。青森県西目屋村に着いたのは、出発から12時間後の午後4時だった。県境をなぞるように描いた踏み跡が、ほぼ後の青秋林道のルートになった。

奥地踏査班の中で一番若い役場職員が後藤茂司氏だった。当時28歳。それから17年後の1975年、役場を辞めて林業を経営していた後藤さんは町長選に出馬、公約の第一に「青秋林道の建設」を掲げた。「昔、私は奥地踏査班の一人として青森県側の西目屋村まで歩いた。弘前方面と道路を結んで、林業と交通の基幹道にしたい」。町長に初当選した後藤町長は、若き日の夢を実現すべく精力的に動いた。青森県側の西目屋村長は初め、乗り気でなかった。何度も西目屋村と周囲の町、村に通い、合意を取り付けた。一期目の1978年、ついに秋田県八森町と、青森県の西目屋村、鯵ケ沢町、岩崎村の4町村から成る「青秋林道促進期成同盟会」の結成に漕ぎつけた。3年後に両県が予算化、翌1982年に両県で工事が始まった。

名物のハタハタで知られる八森町だが、沿岸漁業は不振が続く。急激な人口減少、過疎化が進んでいた。交通網も南北方面ばかりだ。新たに道路を整備し、産業振興を図る。「過疎化に歯止めをかけたい」と考えるのは、おかしくはない。
しかし問題は、八森町と隣接の県・町・村とは終始、「ズレ」があったことだ。八森町が過疎脱却に夢を掛けたその場所は、町の外の領域にあった。青秋林道を建設し、隣の藤里町に入り、さらに青森県側の西目屋村に入ってブナ原生林を切り開き、八森町側に持って来ようという意図はありありだった。後藤町長は二期で終わったが、林道構想は後の菊地純一郎町長に引き継がれた。

後藤茂司氏ら八森町の奥地踏査班が白神山地に入った年からおよそ30年後、八森町内の工事を終えた青秋林道は藤里町に入る予定だったが、これを知った鎌田孝一氏らの反発に遭い、ルートの行き先を青森県鯵ケ沢町に変更した。根深誠氏は鯵ケ沢町で開いた異議意見書集めの集会で「八森町は、青森側の資源を利用して過疎脱却の夢を見ようとしている。夢を見るなら自分の寝床で見ろ」と八森町の町おこし策を厳しく批判した。赤石川流域住民がこれに呼応し、大量の異議意見書で林道工事に「待った」を掛けた。これが林道中止のストーリーである。

異議意見書集めの署名運動が終わって間もない1987年12月2日、北村・青森県知事の青秋林道建設見直し発言にどう対処するかを協議するため、自民党青森県連政調会の県議団が、秋田県側に出張して八森町で意見聴取を行った。私は同行取材した。会場は吹雪の中の八森町・青少年の家。青森県側の真意は、北村知事の林道建設見直し発言の意向に沿い、秋田県側にも建設見直しを求めるための意見聴取だった。それなのに八森町の幹部は、自民党の青森県議団に対して林道建設促進の「逆陳情」をした。

・越中英二助役の逆陳情。

「八森町は秋田県の最北端に位置し、過疎が進むばかりだ。弘前と結んで交流を盛んにして、地域おこしをしたい。青秋林道は私どもの悲願であり、長い目でこの林道を理解してほしい」

しかし、弘前で秋田側と車が通る道路で結んでほしい、と願っている人の話は、一度も聞いたことがない。年間の多くの期間、雪に閉ざされる山奥の林道に、秋田との交流に期待する声は青森県側には皆無だった。自民党の青森県議団で、この逆陳情を真に受ける県議は誰一人いない。八森町の幹部は、青森県知事の林道建設見直し発言のニュースを、聞いていなかったのだろうか。

・金谷信栄町議長の逆陳情。

「青秋林道の周囲のブナは、今でも伐採していない。林道を造っただけで活性化するというわけではないが、町ではブナ林をみんなに見てもらうために観光施設を造る計画を立てている。10万人でも20万人でも、いくら人が入っても山が荒らされるとはないと考えている」

しかし、みんなに見てもらうというそのブナ林は、青森県側のブナである。これを青森県側の県議がどう受け止めるか、八森町の幹部たちは考えなかったのだろうか。

・ある町議の話。
「八森町は、今は木の伐採をしていない。伐採しているのは、むしろ藤里町の方だ」

今は伐採していない、と言っても、八森町にはもう県境まで裸山になっていて、切る木がなくなってしまったのだ。そうして、なぜこの場で隣県の県議に、藤里町の批判までしなくてはならないのだろうか。

自民党県議団に同行取材した時の記録が、私の取材ノートの中にある。今、読み返しても町幹部の人たちに隣の県、隣の町村に配慮する言動は、一切なかった。八森町と周囲の県・町・村とのあまりの認識の隔たりに愕（がく）然としたのを覚えている。他の自治体の資源を利用して、自分たちの町おこしをしようという八森町の考え方は、誤りである。青秋林道建設促進に過疎脱却の夢を描いた町政だが、「軽率」のそしりは免れないだろう。

境界線書き換えの怪

青秋林道は、秋田県・藤里ルートから青森県・鯵ケ沢ルートへの「ルート変更」があったからこそ、中止になった。その経緯、意味については繰り返し述べた。秋田県内の読者にとっては苦々しい部分もあるかもしれないが、これは官僚・行政機構内部の話であって、一般の秋田県民には全く知らされていないことだった。秋田県側の自然保護団体も、直前にルート変更の結果を知らされただけであって、何ら関与はしていない。当初から青森県側の自然保護運動に関わってきた根深誠氏も「秋田の自然保護団体が、ルート変更に関わった形跡は一切ない」と断言する。

ここで問題にしたいのは、ルート変更の「怪」は青秋林道ばかりではない。同じようなことが秋田県内の他の場所でもあったことだ。

1986年2月19日、河北新報が社会面トップ記事に載せた次の記事がある。「秋田・森吉山の自然保護区域、『変だなあ、境界書き換え』、国土計画のスキー場建設予定地」の見出しで「大手デベロッパーの国土計画（本社・東京）がスキー場を計画している森吉山（旧森吉・阿仁町、現北秋田市）で、秋田県庁が、県民が知らない間に規制地域の境界線を書き換えていた」とある。

「境界線が書き換えられていたのは、森吉山山頂部の一ノ腰（1264メートル）付近。県立公園に指定された1968年当時の区域図では、一ノ腰周辺は樹木伐採禁止の第一種特別地域だった。ところが秋田県が1984〜1985年に作り直した区域図では、境界線がいつの間にか引き直され、樹木の「択伐」（木を選んで切る）が認められる第二種地域になっていた。周辺は高山植物の群落で開発が厳しく規制された第一種特別地域、県内の自然保護団体が以前から開発反対を訴えていた。

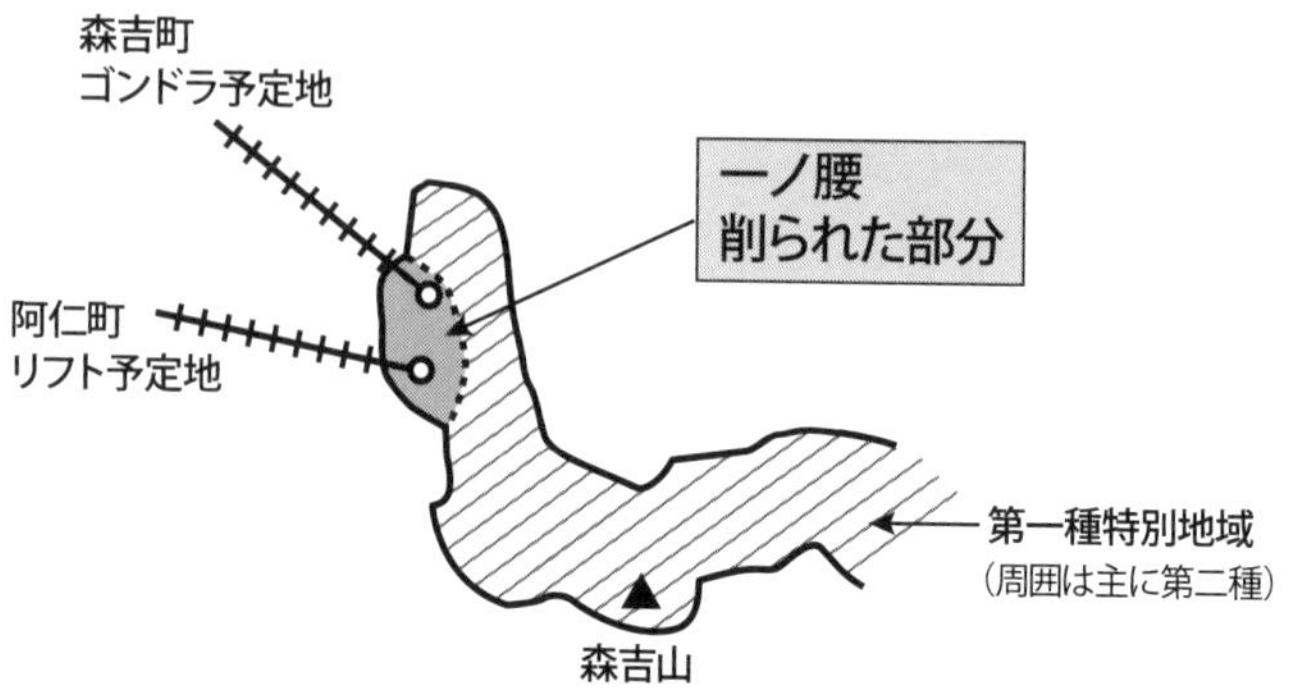

書き換えられた一ノ腰付近の地図

一ノ腰付近は、スキー場のゴンドラの山頂駅とリフトの終点予定地になっている。

計画では、森吉・阿仁町の森吉山頂上部から斜面部の約150ヘクタールを開発。ゴンドラ2基、リフト9基、レストハウス3棟を備えた東北最大級のスキー場を造り、1987年の開業を目指す。地元の森吉・阿仁町は過疎脱却の起爆剤として大きな期待を寄せ、県も積極的な姿勢を示している」（概要）という。

森吉山スキー場問題で、一ノ腰付近が第一種特別地域から第二種地域に規制地域の境界線が書き換えられたのが1984〜1985年である。一方、青秋林道予定ルートが藤里ルートから鰺ケ沢ルートに変更されたのが1982〜1985年だ。時期的に重なっている。

（1987年、森吉スキー場と、阿仁スキー場が開業した。当初は山頂部で、ゴンドラとリフトで二つのスキー場をつなぎ、利用客が相互に乗り入れられる計画だった。しかしスキー場開発へ、なりふり構わぬ境界線書き換え問題が批判され、山頂部開発を断念、ゴンドラ、リフトで二つのスキー場はつながらなかった。利用者の減少で森吉スキー場は閉鎖、阿仁スキー場は民間から北秋田市が無償譲渡を受け、現在はＮＰＯ法人が指定管理者となって運営している）

「怪」は、それ以前にもあった。

１９７８年10月31日、秋田魁新報に「アルペンコースにゴンドラを設置、鳥海山北東斜面、『観光にデッカイ計画』」と出た。

「計画は、全日本スキー連盟が前年、『スキー選手強化のため、リフトかゴンドラの施設を造ってほしい』と秋田県矢島町（現由利本荘市）に要望したのがきっかけで浮上。財政不足を懸念した町は、県に設置促進を陳情した」（概要）という。

秋田県側の矢島口の上部に２・７キロのゴンドラを開設する。５合目祓川に始発駅をつくり、８、９合目の間に終点駅（１７４０メートル）を設置する構想だ。だがこの終点駅は、方角は秋田県を向いているが、場所は山形県側の領分になっている。

この問題を理解するには、３００年余前に、歴史をさかのぼらなければならない。

江戸時代、鳥海山の山頂部をめぐる境界争いがあった。庄内藩14万石（山形）と、矢島藩1万石（秋田）が鳥海山の山頂部をめぐってそれぞれ領有を主張。山岳宗教なども絡み複雑な経過をたどる。ついに徳川幕府が介入して宝永2年(1705年)、現地調査を実施して「7合目以上は庄内領」と裁定を下した。現在の地図を見ても分かるように、両県の境界は、鳥海山の分水嶺ではなく、ぐるりと北に巻いて山形県の領分になっている。

秋田県が計画したゴンドラは、始発駅は秋田側だが、そのまま上ると終点が7合目を越えて山形県側に食い込む。山形県側の庄内平野からは、このゴンドラも終点駅も、頂上(2236メートル)の向こう側(秋田側)にあるので見えない。

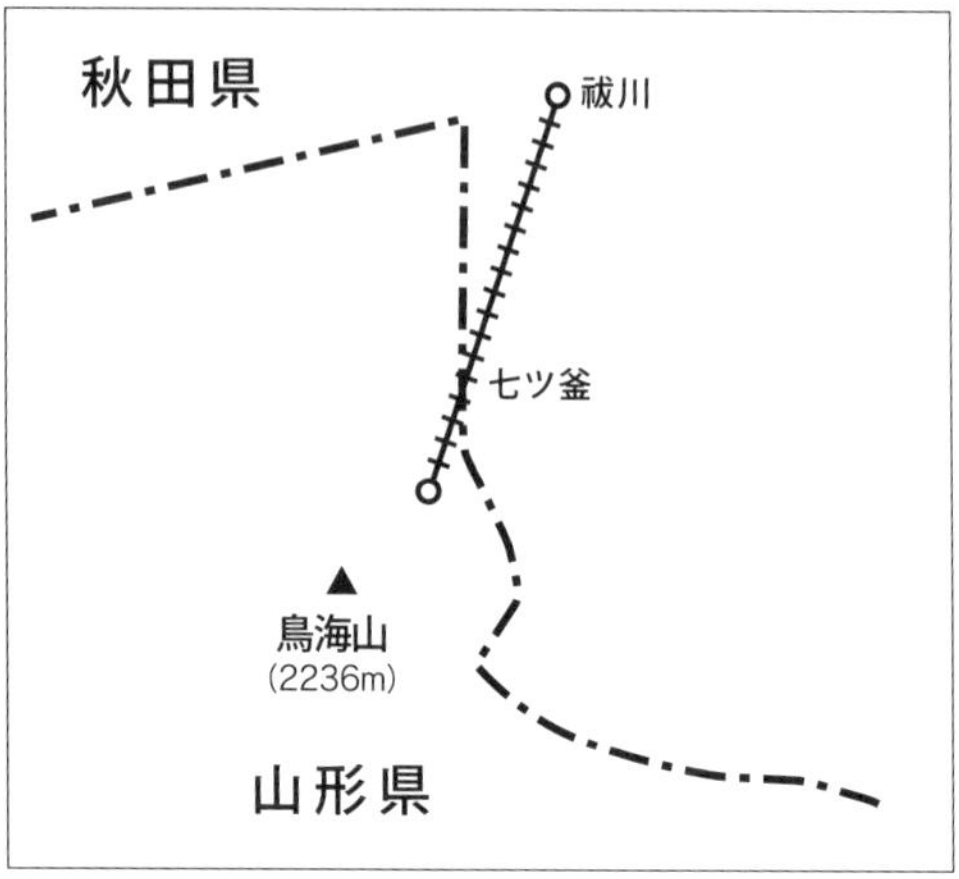

鳥海山の地図

とはいえ、山形県の領分に秋田県がゴンドラを造るとはおかしな話である。当然、山形県側は反発する。

問題が1979年3月の山形県議会厚生常任委員会で取り上げられた。県議が「秋田県は昨年10月、山形県内で地形測量を実施している。本県行政区に勝手に侵入しての測量を許可したのか」と県当局を追及した。担当の環境保健部長は「秋田県側からは、まだ何の構想も示されていません」

と答弁した。山形県では「鳥海山の開発行為については、標高600メートル以下の地域で必要性の認められるものに限り許容する」と決めていた。また「標高1200メートル以上には人工建造物は造らない」と両県で協定、公表していた。厚生常任委員会で、県議はさらに「秋田県の開発を、鳥海山保護の県の方針に沿って認めるな」と要求した。環境保健部長は「山形県の管理方針を堅持する」と答弁、山形県内で行う予定だった秋田県の開発計画は許可しない旨を言明した。

民間では、山形県側の「鳥海山の自然を守る会」や「出羽三山の自然を守る会」と、秋田県側の「鳥海山の自然を守る会」が共同歩調を取り、全国の鳥海山ファンの支援を受けながら反対運動に取り組み。秋田魁新報も賛否両論の記事を掲載、活発な論戦が展開された。環境庁は「ゴンドラ計画は許可できない」と述べ、秋田県議会でも、山形県の反対運動もあってか関連予算が審議未了、立ち消えの形になった。

鳥海山ゴンドラ計画の問題は、青秋林道のルート変更、森吉山スキー場問題が起こる少し前のことだが、ほとんど同じ構造が見える。どちらも、場所が一般の住民の目に付きにくい場所を選んでいる。そして、何のあいさつもなく、隣の県に自分の県の事業予定地を設定し、勝手に地形測量までしている。なぜなのか。秋田県庁の体質なのか。

秋田県はかつて、東北の他県を圧して木材資源の埋蔵量が豊か、生産・販売実績も断トツに大きかった。県庁に林務部があったのは秋田県庁だけ。拡大造林、ブナ退治の時代、秋田営林局は大きな実績と権限を持ち、「威」を誇っていた。これらが歴史的背景にあったのは容易に想像がつく。

（しかし、木材自由化を機に林業は急速に衰退。「林務部」の名は、2001年度で秋田県庁から消えた）

こんな例もある。

山形県では、「蔵王の黒い霧事件」が起きた。1962年の蔵王エコーライン開通を機に、山形市の観光開発会社とバス会社の2社が、蔵王の頂上部に至るリフト建設を申請。これをきっかけに、山形県当局や営林署が一方のバス会社に肩入れして建設手続きが有利になるように、山形、宮城県の「県境を移動させた」とされる。背景に、バス会社やホテル、新聞社などを経営し、山形県の政財界に君臨する有力者の働きかけがあったといわれる。一方の観光開発会社は民事で訴え、30年裁判を闘った。仙台高裁は事実上、有力者の働きかけで「県境移動」が行われたことを判決で認定した。

県境を挟んで、しばしば水争いも起きた。

戦後間もなくあった尾瀬分水問題。群馬県と電力会社が、尾瀬の水を関東地方の利根川水系に導水しようとした。尾瀬の水源を持つ福島県と新潟県は、東北の他の5県に協力依頼しながら、これを拒否。関東対東北の対立にエスカレートした。一方、下流の会津・只見川で分水問題が起こり、こちらでは福島県と新潟県が水争いを演じた。

奥山や水源の森で、何が行われようとしているのか。住民の知らぬ間に、境界ラインがいつの間にか変更されたり、かく乱されたり、水争いを起こしたり。それらの影響は、下流に住む住民の暮らしすべてに及ぶ。山で何が起きているのか、「知らなかった」では済まされない。線引きを少し変えただけで、自治体同士、住民同士の利害が直接ぶつかり合うのが、境界ライン問題の大きな特徴だ。青秋林道と白神山地、森吉山スキー場開発、蔵王の県境移動、尾瀬や只見川の分水問題を見れば、皆、それが現れている。

現代では、例えばリニア中央新幹線の南アルプストンネル工事問題がある。山梨、静岡、長野県境を南北に貫く南アルプスを、横からぶち抜く。全長25キロで、うち4割が静岡工区。しかし静岡にリニアの駅ができるわけでもなく、工事で大井川の源流部が傷付けられる。下流域住民は激しく反発している。住民側に、一方的にデメリットばかり押し付けられるのだから当然だ。地図を手元に置き、大井川を、青秋林道反対運動の舞台になった青森県の赤石川に置き換えてみれば、同じ構造になっているのに気づく。工事で大井川の源流部はかき乱され、下流域住民は河川の減水を心配し、暮らしの行方さえ脅かされようとしている。

自治体の境界をまたぐことで起きる問題が、おそらく全国でたくさんあるのだろう。人間は昔から、似たような歴史を繰り返している。であれば、民間の側は常に奥山の様子を監視する姿勢を持たなければならない。山を閉じ込めるのではなく、常に「開放」するよう求めるべきだろう。

秋田県側の青秋林道問題も、藤里町に住む鎌田孝一氏が、粕毛川周辺の山をいつも見て歩いていたからこそ、隣町から源流部を横切る林道計画がやって来たのに気づいたのではないか。

入山「禁止」とは、誰も言ってない？

本書のテーマは秋田県側・白神山地核心地域の入山禁止問題である。なぜ入山禁止なのか。入山禁止派の人々の考え方はその後も変わっていないのか、白神山地のブナ原生林を守る会事務局長を務める奥村清明氏に、改めて電話で問い合わせた。こう返事をいただいた。

「1997年3月9日、八森町で白神山地世界遺産地域懇話会を開いた。この会議で『核心地域には基本的に入山を遠慮してもらう』と決めた。会議の座長は山形大学名誉教授の北村昌美さんが務めた。懇話会に出た委員は25人で、特に異論は出なかった。今まで通りでいい。我々は一貫している。ただし、『入山禁止』の『禁止』の言葉は使っていないよ」

さて、奥村氏は入山禁止派ではなかったのか。私はずっとそう思っていた。さらに聞くとい。

「我々は最初から入山『禁止』とは、言っていない。『禁止』の言葉はキツイ。山に入ると、何か刑罰を伴うような印象を与えてしまう。『原則として入山は遠慮してほしい』というのが我々の考え方だ」

奥村氏の話の内容を確認するために、秋田市にある県立図書館を訪ね、秋田魁新報のマイクロフィルムを回して記事を探した。懇話会開催翌日の1997年3月10日夕刊トップ記事にあった。見出しでこう出している。

「白神山地入山、核心地域には『遠慮を』、本県側規制策決まる」

確かに見出しも本文の記事も「禁止」ではなく、「遠慮」になっている。本文では続けて、秋田営林局は「入山規制が『遠慮』という自己規制の形を取ったことで『罰則規定は事実上、盛り込めない』という」と書いている。

この結果、世界遺産の管理計画書も「立ち入りを制限する」の言葉で表現している。「禁止」とは書かれていない。

では、だれが最初に入山「禁止」と言ったのか。

鎌田孝一氏は、私の取材に対して「私は入山『禁止』とは言ってないし、主張もしていない。入山『禁止』を言ったのは、秋田営林局の橋岡さんだよ」と言っていた（第3章）。

入山問題を担当した秋田営林局計画課長の橋岡伸守氏は「私は入山『禁止』の『禁止』は、言葉としてキツイと思った。計画案に『禁止』の言葉は使っていないし、説明会でも地元の人たちを刺激しないように『入山を控えていただきたい』と言ったはずだ」と言う（同）。

奥村氏も、鎌田氏も、橋岡氏も、秋田・白神の入山問題に最も深くかかわったはずの当事者3氏が、「私は『禁止』とは言ってない」と言う。そうは言っても3氏の言う「入山は遠慮して」「入山を控えて」「入林できません」では、山に入りたい人は、具体的にどう行動すればいいのか。刑罰は伴わなくても、登山者や釣り人に入山「禁止」を要求しているのと、どこがどう違うのだろうか。

あるいは入山「禁止」とは、マスコミが勝手に作ったマスコミ用語なのか。以下に新聞、雑誌の掲載例を挙げる。

・秋田県側・世界遺産の懇話会が開かれる前日の1997年3月9日付朝刊で、秋田魁新報は予測記事で「原則禁止で集約へ」と見出しで出している。

・1997年7月号の「山と渓谷」は特集記事を掲載、「入山禁止の是非をめぐって論争が続いている白神山地で」と本文で書き出している。

・1997年9月号の「岳人」は「白神山地をめぐる幻滅と希望」の題で「入山禁止派の迷走」の小見出しで記事を載せている。

・奥村、鎌田氏らの会報「白神山地のブナ原生林を守る会」の1999年11月10日付・第29号に、秋田県外の自然保護団体の代表者の投稿を「やはり入山は禁止すべきである」の見出しで掲載している。

・「世界」（岩波書店）の2001年5月号に白神酵母の特集を掲載、「青森県と秋田県にまたがる白神山地は一九九三年に世界遺産登録され…、そのうち一万一三九ヘクタールが核心地域と呼ばれ、立ち入り禁止となっている」とある。

・世界遺産登録10周年を迎えた2003年の12月9日、河北新報は記事で「（秋田県側について）自然の保全を目的に厳正な規制が敷かれ入山全面禁止だった核心地域は」と表現している。

取材する側の記者からすれば、当事者が「私は禁止とは言ってない」と話しても、「入山は遠慮して」「入山を控えて」「入林できません」では、「入山禁止」以外に、どんな言葉の表現があるというのだろうか。秋田・白神の入山問題が起きて以来、新聞や雑誌紙上で、あるいは一般人の間でも「入山禁止」の題目で論争が展開され、現在に至っているのは紛れもない事実である。

入山問題で、私の取材ノートに、あの頃は記事にしなかったメモが残っている。鎌田氏に近い人の話だ。あれから20年も30年もの年月が経過した。「もう時効になった」と判断できる部分もある。以下は、公表しても問題はないと筆者が判断した部分をお伝えする。

・Aさんの話。

「鎌田さんは、大上段に『入山禁止』と考えていたわけではない。藤里町から粕毛川の源流には行けない。つながる道がないからだ。それなのに八森町や峰浜村、能代市方面から、簡単に峠を越えて粕毛川の源流に入って来る。そうして粕毛川源流で遊んで、ゴミを散らかしては帰っていく。『もう、粕毛川には来ないでくれ』と言いたかった。八森、峰浜、能代方面からの入山を禁止してほしい、と言いたかっただけなのだ。自分が孤立無援で林道の反対運動をしていた時、何も支援してくれなかった。それが、いざ林道が止まり、世界遺産になると周囲の市、町、村の人たちは、何のあいさつもなく県庁と直接、観光開発の話をしている。鎌田さんにとっては耐えられなかったのだろう」

・Bさんの話。

「鎌田さんは、山男ではない。厳しい冬山訓練を受けたり、ヒマラヤ遠征したりした経験もない。ただ、花が好きでよく山を歩いて花の写真を撮っていた。入山禁止とは言っても『自分の住む藤里町の山を大事にしてほしい』と願っただけなんだ。日本の山、世界の山を俯瞰して発言したわけではない」

・Cさんの話。

「入山禁止の話が、新聞や雑誌でさまざま取り上げられ、鎌田さんは困惑し、苦悩している。こうなるとは思わなかったのだろう。見ていてかわいそうだ。『禁止』でなく、『自粛』としたらどうかと話してあげた」

「禁止」でなく「自粛」へ。これは鎌田氏への個人的な働きかけで終わったわけではない。東北自然保護のつどいで、白神の入山禁止問題をテーマに取り上げる予定になっていた某年のこと、秋田県側と青森県側の間で、「禁止」から「自粛」へ表現を変えられないか水面下で交渉、文書でやり取りが行われたこともある。

【青森県側から】

「仲介者を通じて聞くに、『入山禁止』から『入山自粛』ではどうかという案があったそうですが、大変前向きで、柔軟な考え方だと思います。ただし、この『自粛』が、秋田県の自然保護関係者の総意であれば問題ないのですが、個人的な話だと、今後大きな問題になるのは明らかです。そのあたりはいかがですか」

【秋田県側から】

「『入山自粛』でまとまればいいと思います。秋田県の団体としては、問題はありません。鎌田さんも『自粛でいけたらいい』となりました。共に林道建設の反対運動をしてきたのだから、対立することはなかったと思います」

そこまで進んだが、結局は表に出ることなく、立ち消えになった。

「入山禁止」と聞くと、言葉の響きが確かにキツい。白神山地に入ると、何か刑罰を受けるような、悪いことをしているような気になってしまい、入山するのに二の足を踏む。それが人間というものだ。「白神は入山禁止の山。行ってはならない山だ」と思われてしまっている。

入山問題に関わった当事者たちが、「入山は遠慮して」「入山は控えて」「入林できません」の表現が「入山禁止」と受け止められるのは本意でないというのであれば、「禁止」の言葉でマスコミ報道されないように、表現を変えてはどうだろう。あるいは管理計画の中身を緩やかな内容に変えるべきではないだろうか。私は、そう思う。

また、現在、「入山禁止」と唱えている人たちは、青秋林道反対運動に深く関わった人ではない、ということになる。異議意見書に署名したのは八森町では２人だけだったと聞いた。

成功し過ぎたブナ・シンポ

取材で、秋田県内を歩いた。人を訪ね、山の現場を歩いた。人に会うたびに、私は「青秋林道はなぜ止まったのか、ご存じですか」と聞いた。相手は「青森県知事が決めたから」と答える。しかし「どうして青森県知事は林道中止を決めたのですか。理由は？　なぜだと思いますか」と問うと、「ン、…、…、…」と首をかしげるばかりで、それ以上の答えは誰からも返ってこなかった。

奥村清明氏は、青森県の自然保護団体代表と一緒に、林道中止を訴えた第1次異議意見書の署名を青森県庁に提出した（1987年11月5日）。翌日に出た青森県知事の林道建設見直し発言を回想して、著書「守りたい森がある」に、こう書いている。

「青森県の北村正哉知事（当時）が記者会見で『異議意見書を無視した形で工事を進めたくない』と発言したって言うんだ。そんなこと言うはずがない、何かの間違いだろうと耳を疑った。ところが発言は本当だったんだ。…、それにしても、北村知事は林道を断固造ると話していたのに、なぜ心変わりしたんだろう」

奥村氏は、突然の青森県知事の「心変わり」に首を傾げた。であれば、あの時、知事の真意は何だったのかを、青森側に問い合わせてほしかった。秋田県内で青秋林道建設反対運動に取り組んだ人たちは、なぜ昔も今も「青森県知事の決断」の真相を知ろうとしないのだろうか、私は不思議でならない。

白神山地が世界遺産になったのは、青森、秋田県の自然保護、住民運動の力で青秋林道を中止させたことが大前提にある。その自然保護、住民運動を受け、勇断を持って林道中止を決断した青森県知事の考えを知るのは大事であり、林道中止を決断した人物の思想・発想こそ、世界遺産の管理計画に反映させるべきではないだろうか。

北村知事はあの当時、「青秋林道を造っても経済的なメリットがない」と何度も何度も公の場で言明し、それは地元紙の東奥日報、陸奥新報、デーリー東北に何度も大きく掲載され、テレビのニュースで流され、青森県民に広く伝えられた。知事自身が、知事室で自然保護運動を主導した根深誠さんに直接会って「林道中止を決めたのは、俺が自然保護に同調したからではない。勘違いするな。青森県民の生活を向上させるには、開発行為というものが絶対に必要だ。それが政治というものだ。ただし、あの林道は造っても経済的なメリットがない。役に立たない林道だからやめるんだ」と伝えた。知事は、無駄な公共事業を批判し、自己反省もなくブナ退治・拡大造林時代のままの計画を進めようとした林野行政を批判して林道中止を決断した。私は、傍らでその説明を聞いていた。中止を決断した知事に「白神山地を入山禁止にしてまで保護しよう」という発想はなかった。

とは言え、一般の県民が隣の県の知事が何を考え、どう行動したのかを知ることは、まずない。「隣の県の知事の名前さえ、よく知らない」と言ってもおかしくはないだろう。結果的に、林道中止の理由が青森側から秋田側に伝わらなかった。その部分が「欠落」してしまった。しかし、秋田側の林道も中止になった。そうなれば別の理由づけがなければ、青秋林道を中止させた秋田側の成功物語が成立しなくなる。

その理由づけを与えたのは1985年、秋田市で開かれた「ブナ・シンポジウム」だと思う。ブナ・シンポは大成功だった。大成功し過ぎた。秋田側の自然保護団体の考え方は、このブナ・シンポでの体験がベースになっていると言っていい。

1998年、白神山地の入山規制・禁止問題を真正面から取り上げた東北自然保護のつどいが鶴岡市で開かれ、入山規制・禁止派と、規制・禁止反対派が熱い議論を交わした。入山規制・禁止派を代表して登壇したのが奥村清明氏である。第2章に重複するが、ここで一部を再録する。奥村氏の主張は以下の内容だった。

「青秋林道をストップさせ、世界遺産という成果も得た。皆さんの支援に感謝したい。

青秋林道が着工されようとした時、秋田県藤里町で、子供たちを相手に緑の少年団活動をしていた鎌田孝一氏が『林道ができれば生活用水が悪化する』と最初に声を上げた。町の上流にダムに土砂が流入し、洪水の危険性が指摘された。なぜ、我々がブナ林の保護に携わったのか。縄文文化を育んだのがブナの森。自然を収奪する社会から、自然の摂理に生きた縄文人の心に帰ろうというのが、ブナ林保護運動の目的だった。1985年、秋田市でブナ・シンポジウムが開催され、全国的に大きな反響を呼んだ。

青秋林道が中止になった頃、秋田県内に残されたブナ原生林は4800ヘクタールほどしかなかった。現状のままで残したいという思いから、世界遺産地域については、できるだけ入山を遠慮しましょうという申し合わせをした。この問題については、いろいろな打ち合わせを行い、世界遺産を話し合う懇話会でもそうした意見が大勢を占めた。秋田県側には、どうしても山に入りたい、入らせてくれ、という意見は出なかった」

ここで奥村氏が述べているように、考え方の論拠をブナ・シンポに置いている。特にあの時、会場で講演した哲学者・梅原猛氏や環境考古学者・安田喜憲氏らの縄文文化論は、格調高く、東北で自然保護運動に取り組む人々に、林道反対運動に取り組む根拠と正当性を与えてくれた。遅れた地域とされた東北の人々に、勇気と誇りをもたらしてくれた。

もちろん、それはそれで正しいのだが、現実に林道を止めた闘いの歴史、真相はもっと別の所にある。林道が中止になったのはルート変更による行政に対する不信感であり（一般の秋田県民は関知していない）、経済的なメリット・デメリット論をベースにした青森県知事の政治判断である。林道を中止した理由は、白神を「聖域化」するような思想を持ったものではなく、極めて俗っぽいものだった。自然保護運動に奔走したために、職を失った人、家族を犠牲にした人、店の負債を重ね、早過ぎる死を迎えた仲間もいる。青森側の反対運動には、表には出ないドロドロした苦闘の歴史があった。

秋田側の入山規制・禁止論は、「ブナ・シンポの成功」と「青秋林道中止」の間に、精神的な「時間差」がない。この間、2年余にすぎない。その二つを直接つなぎ、「ブナ・シンポが大成功したから林道が止まった」と捉えてしまった。その後、ルート変更で工事予定地は秋田から青森へ移ってしまった。闘いの現場を失った秋田側の自然保護運動は

「頭の中だけで考えてしまう」。抽象論、観念論に向かった。その延長線上に、白神の「聖域化」が形成されていったのではないか、というのが筆者の見方である。

◇

奥村清明さんに直接会うために、秋田市に向かった。奥村邸はＪＲ秋田駅の北側の高台の住宅地の中にある。予告なしで直接、自宅を訪ねた。考え方は違う、互いに議論を交わしてきた相手だが、玄関に顔を出すと初め驚き、すぐに表情が和らぎ、温かく迎え入れてくれた。居間で長時間、ざっくばらんに懇談した。日本の水害を報道した英字新聞を取り出し、「これから最も大事なのは地球温暖化の問題だね。地球環境をどう守るかだ」と語った。論敵ではあっても、逃げることをしない。誠実な人柄であり、尊敬できる人物だと思った。

ここで奥村さんの経歴を、改めて見てみよう。

１９３７年、由利本荘市生まれ。秋田大学を卒業して教員になる。最初が阿仁町の小学校。次いで中学、高校の教員となる。専門は英語。県北で勤務していた時、大館山岳会に入る。１９６４年1月に起きた大館鳳鳴高校生・岩木山遭難事件では、救助隊として参加した。鳥海山の自然を守る会、白神山地のブナ原生林を守る会の結成に参加。ブナ・シンポでは運営委員を務めた。秋田県自然保護団体連合結成に参加、代表理事に就く。１９９２~１９９８年秋田県高教組委員長を務めた後、定年退職した。略年譜を見るに、反骨の人生であった。

秋田県側で林道反対運動が起きた当初から、奥村さんは保護運動の組織の「要（かなめ）」にいた人物だ。東北自然保護のつどいにも毎回、秋田県の代表者として参加した。いわば秋田県の〝重鎮〟である。集会での発言内容は奥村さんの考え方であり、秋田県側の入山規制・禁止派をまとめ、代表した意見ととらえて良いと思う。

★奥村さんが、これまで東北自然保護のつどいで語った入山規制論の論拠をまとめると、ポイントは4点に集約できる。

① 秋田県側では1997年3月9日に開かれた世界遺産地域懇話会で「核心地域には入山を遠慮してもらう」と決まった。出席した委員に異論は出なかった。座長を、北村昌美・山形大学名誉教授が務めた。今後も、その方針に変わりはない。

② 観光客の激増による山の汚染が予想される。山の荒廃に目をつぶってはいけない。国有林に、国民は誰でも自由に入山できる権利があるというものではない。きちんとしたルールをつくる必要がある。

③ 日本に1カ所ぐらい、人間が立ち入れない山があってもいいではないか。

④ 白神山地の腐葉土からパン用酵母が見つかり、「白神こだま酵母」と名付けられた。従来のパン用酵母に比べて、冷凍耐性や発酵力に優れ、既に学校給食などに使われている。〝スーパー酵母〟とも呼ばれ、将来、パンの歴史を変えるものと期待されている。白神は

遺伝子資源の宝庫。入山者が自由に立ち入ることができるようになれば「雑菌」が持ち込まれ、環境が破壊され、汚染される心配がある。

★私の反論は、以下の通りだ（番号順）。

① 世界遺産地域懇話会は、入山者の激増を予想して「入山を遠慮してもらう」と決めたが、数年で入山者は激減している。時代の変化に対応して見直すのを前提に、管理計画はスタートしたはずだ。もはや見直しの時期ではないだろうか。

座長を務めた北村昌美・山形大学名誉教授は著名な林学者だが、林野行政のブナ退治、拡大造林時代の林学者である。「山形県内では自然保護運動を支援したこともなく、いつも山形県庁寄りの発言をした人。いわゆる御用学者である」と山形県内の自然保護関係者は証言している。奥村さんは「北村昌美氏が世界遺産の懇話会の座長を務めた」と、集会で何度も繰り返しているが、反骨の人なのに、なぜ御用学者の権威を強調するのだろうか。秋田県内の自然保護団体には、山形県内の自然保護団体から北村昌美氏に関する情報は入っていなかったのだろうか。

② ルールを作るならば、根拠となる事前のモニタリングが必要ではないだろうか。「モニタリング」→「ルール作り＝規制」といくべきなのに、順序が逆になっている。

確かにマナーのよからぬ人はいつの世もいるが、かつての発展途上国時代の日本に比べれば、マナーは確実に良くなってきていると私は思う。例えば昭和30年代ごろの風景。遠足の時、私を含めて、食べ終えた空の弁当箱を子供たちは平気でバスの窓からポイ捨てしていた。今、そんな光景は、よほどでないと見ない。

「ゴミ持ち帰り運動」は1972年、尾瀬で始まった。江間章子さん作詞の「夏の思い出」が流行し、ミズバショウの季節ともなるとハイカーが急増。紙くず、空き缶が湿原の中にまで捨てられ、山小屋の従業員がリヤカーで一日がかりで運び出した。そこで考え出したのが「ゴミ箱の撤去」だ。ゴミ箱をはじめから置かず、「ゴミは持ち帰ってください」と呼び掛けた。

現在は駅構内や官民の施設、商店街、その他多くの場所で、ゴミ箱を置かなくなっている。ゴミ持ち帰りは、暮らしの中のマナーとして定着してきている。リサイクル、省エネ意識も一昔前に比べて、ずいぶん浸透してきている。私は、性悪説より性善説を取りたい。もっと人間というものを信じてほしいと思う。

③　世界遺産として、物事の規範になるには、その行為に普遍性がなければならない。「秋田・白神」を「この山だけ例外的に立ち入りをやめて」という意見には、説得力がないと思う。一方の「青森・白神」は、入山禁止にしなくても「秋田・白神」と同程度の自然度が保たれている。それは、現在の世界遺産地域懇話会の科学委員会がデータで証明し、懇話会に報告している。「この山だけ例外的に立ち入りをやめて」に普遍性があるとすれば、後続

の世界自然遺産登録区域の山や海が、白神を手本にして入山・入域禁止する例が出てくるはずではないだろうか。白神を神聖視し過ぎている。ブナ林は、全国の山にある。特に珍しくはない。開発が遅れたから比較的、秋田や青森に残っただけである。

④「入山者が雑菌を持ち込む」とはどういうことなのか。そんなことが実際に起こるのだろうか？　理科畑ではない私は、考えあぐねた。素人がいくら考えても、正解が出るわけはない。そこで「白神こだま酵母菌」の研究開発をしている秋田県総合食品研究センター（秋田市）に問い合わせた。対応していただいたのは同研究センターの専門員で農学博士の高橋砂織（さおり）さん（１９５６年生まれ）だ。白神こだま酵母菌研究の中心人物の一人である。

白神山地の腐葉土からこの酵母菌が発見され、分離、選抜に成功したのは１９９７年だ。以来、「白神パン」を開発するなど次々と成果を挙げている。

白神のどこで、どのぐらいの量の腐葉土を採取しているのだろうか、高橋さんにうかがった。それによると、場所は八峰町の二ツ森付近で、毎回地元のガイド氏の案内で山に入る。白神の核心地域の外側で、１カ所で小さじ１杯程度（約３グラム）の腐葉土を、年間１０００カ所程度で採取する。つまり年間の腐葉土採取は約３キロ。その中の微生物を利用しているという。

「白神こだま酵母菌の研究開発」と、「世界遺産に人間が立ち入ると、雑菌が持ち込まれ、汚染される心配がある」こととは、どうつながるのだろうか。第一、場所が違うではないか。世界遺産の核心地域に入山して採取はしていない。

高橋さんから「個人的な研究者としての考え」という前提で次のようなコメントをいただいた。

「自然環境が変わらない状況であれば、人間が山に入るのに特に問題はない。影響が出るのは、例えば白神山地にスーパー林道が出来て、車が通り、排気ガスなどで自然が壊されるような場合だ。尾瀬のように、湿原に木道を設置し、人間が多少歩く程度の遊歩道にするぐらいなら、何も問題はない。

白神山地は、自然から与えられた財産。せっかくの遺産なのだから人間のためになるよう、使わせてもらおう。私たちは、山に入り菌を取り、白神を利用している。有効利用するには、山に入らないと何も分からない。

これは一般論だが、世界遺産の中でも、鳥や獣のフンが落ちる。人間のフンだって、基本的には鳥や獣のフンと同じものです」

「雑菌論」でいくと、白神の核心部には、鳥や獣まで入れなくなるのではないだろうか。「雑菌論」は考え過ぎだ、と私は思うが、本書の読者はいかに。

気になったのは、高橋さんの次の一言である。

「私は、秋田県内で白神山地への入山規制・禁止を唱えるという人から、人間が入山することに伴う雑菌の影響について問い合わせを受けたことは、これまで一度もありません」

第六章

これからどうする

共通項を探れ

前章までは事実関係の整理、私なりの問題の分析をした。第6章は「これからどうする」とした。どんな問題でも、批判しっ放しではいけない。では、どうすればいいのか、将来を見据えた代案や提言がなくては、本書を世に問う意味がない。長年、白神山地の問題に関わってきた者として、現代と未来の人々に少しでも判断材料を、考えるヒントを提供する責任がある。微力だが、その努力を試みたい。

まず、現状認識。

人口減少の時代、とりわけ白神を囲む秋田、青森両県の周辺町村は急激に過疎化が進んでいる。高齢化が進む一方、若者が町や村に残らない。「人間がいなくなってしまうのに、入山禁止のままでは山を知る人の『世代交代』ができなくなる」――筆者が最も懸念するのは、この問題だ。「粕毛川の源流の中はどうなっているの？」と聞かれて、地元で答えられる人がいなくなっていいのだろうか。調査に入った大学の先生や、釣り人や山菜採りに入った人が遭難した時、どこに滝があり、どこに岩があるかを知らなければ、救助にも行けない。それでいいのだろうか。

栄えある世界遺産第一号を勝ち取ったのに、秋田側で林道反対運動の中心となった白神山地のブナ原生林を守る会の幹部はいずれも80歳を超える高齢者になった。次の世代の後継者が育たない。守る会と行政が、連携して入山規制・禁止を主導してきた歴史から、地元では「入山禁止の見直し」をなかなか言い出せない、遠慮する、タブー視する空気がある。「白神は行ってはならない山」と思われてしまった。行ったことも見たこともない山なのだから、一般の関心も若い人の関心も薄くなり、話をする人もいなくなった。世界遺産・白神山地は、それこそ宝の持ち腐れ、観光面で単にブランドに、看板に利用しているばかりだ。秋田県内を取材して歩いて、私はそんな印象を受けた。

東北の他県の山男、山女、自然保護関係者、そして全国の数多くの人たちが、白神山地の今後に関心を持っている。最近の東北自然保護のつどいでも、毎回この問題がテーマになって議論されている。が、秋田県内にはなかなか入山規制・禁止を見直そうという動き、情報は入りにくい。それが現状である。

ではどうするか。まず、秋田、青森県の林道建設反対運動の歴史を踏まえた上で、問題を

「リセット」（元に戻し）し、「リスタート」（再スタート）するのが大事だと思う。その第一歩は、過去の秋田、青森県の林道反対運動、自然保護運動の「共通項を探れ」ではないか。住民運動の体験・発想の共通項を抽出し、両県の最大公約数をベースにして再出発する考え方である。

▼「林道建設反対運動は、ブナ林伐採による水害の危機の訴えから始まった。目指すはブナ林の再生」

秋田県藤里町では1963年夏、大雨が降り続き粕毛川上流にある大開集落15戸が、土石流で全滅した。さらに下流の集落を襲い、増水した藤琴川と合流、水嵩を増して町全体が水浸しになった。田畑が元に戻るのに何年もかかった。防災用に素波里ダムを造ったが、完成2年後の1972年、豪雨で発電所が破壊され、水を支えきれずに放水したため、下流の藤里町、二ツ井町が水浸しになった。粕毛川、藤琴川上流はかつて、太古そのままのブナの樹海に覆われていた。一帯は、ブナを切り続けたのが水害の原因で、水害

87人の犠牲者を出した大惨事を伝える大然の遭難者追悼碑＝青森県鰺ケ沢町

の常襲地帯。過去の大水害を教訓に、林道建設反対運動が始まった。

青森県鰺ケ沢町では1945年春、赤石川に出来た自然の雪ダムが決壊、下流の大然地区が流され87人が犠牲になった。戦後は拡大造林計画により赤石川の奥地でブナ伐採が続き、これがアユ漁、養殖漁業、沿岸漁業に悪影響を及ぼし、住民の暮らしさえ脅かしていた。1987年、林道建設反対の保安林解除に対する異議意見書集めの署名運動で住民は目覚めた。戦時中に起きた大然地区の大惨事の記憶が元にあったからだ。

であれば、秋田、青森県の林道建設反対運動、ブナ林保護運動から得た教訓は「ブナ林の再生」ではないか。植林事業は両県のほか、全国各地で行われている。しかし、とりわけ青秋林道を止め、世界遺産になった白神山地の地元ならば「ブナ林の再生」が大きな意味を持つ。子供も大人も参加して、ブナを植え、育てる。町場の人たちと農林漁業者が一緒に汗を流し、情報を共有することで都市と農村、地域との共生の道を探る。引いては地球温暖化を考えるきっかけにもなるだろう。

「もう水害はごめんだ」—秋田も青森も「原点」は同じはずである。

▼「無駄な公共事業はないか、住民は監視を」
秋田側の「白神山地のブナ原生林を守る会」の西岡光子会長が、会計検査院と大蔵省に提出した要望書に次の一文がある（1986年11月28日、要約）。

「戦後の人工林重視政策に基づく拡大造林計画の実施以来、日本列島のブナ自然林はすべて大面積皆伐の対象となり、急速に消滅の一途をたどりました。その結果、ブナ自然林が広域にわたって残存するのは、いまや秋田・青森両県にまたがる白神山地のみになりました。ブナ自然林は東日本の歴史的風土そのものであり、また広域に存在することによって貴重な遺伝子貯蔵庫となり、水資源を守り育てるかけがえのない手立てとなるなど、計り知れないものがあります。白神山地のブナ自然林はその役割を担い得る東日本最後の広域な自然林と申して過言ではありません。

先の日本生態学会の総会決議で『この地域は地形的に急峻な所が多く、冬季の積雪が多いために、雪崩の発生が多い。地質が脆弱で崩壊地が多くみられる。この林道は、貴重な原生地域を分断して、保存に脅威を与える。産業的意義も大きな期待を持つことはできないので、計画の廃止、変更を含めて、慎重な再考慮』を求めているのであります。

こうした林道の建設に多額の国費を投入することは、国民の一員として、到底黙過できることではありません。国費の支出中止を、ここに強く要望します」

西岡会長は「林道計画を強行すれば、国費の無駄遣いになるのは明らか。産業育成も期待できない」と国に訴えている。

青森県側の「青秋林道に反対する連絡協議会」も「林道ができても冬期間の利用ができない。過疎対策にならない。経済交流も期待できない。税金の無駄遣いだ」と何度も訴えた。

北村・青森県知事も「経済的なメリットがない。役に立たない林道だからやめる」と何度も言明したのは既に述べた通り。秋田、青森県の保護運動は、「無駄な公共事業」を批判してきたのは共通している。

では、山で無駄な公共事業をさせないためにはどうするのか。第5章で、県境周辺を舞台にルート変更や境界線変更などが、住民が見えにくい所で行われてきたケースを見てきた。防止策はいかにすればいいのかと考えれば、住民が自分たちの目で見て常に監視する方法しかない。山をいつでも見て歩くことができるように求める。「山を開放する」のが前提条件だ。現場を見なければ、話は何も始まらない。

▼「縄文文化に誇り持とう」

1985年に秋田市で開かれたブナ・シンポは大成功を収めた。哲学者・梅原猛氏は「縄文の狩猟採集文化こそ、自然と人間が共存した文化」と説き、環境考古学者・安田喜憲氏は「ブナは日本人の母なる森。森の破壊は文明の滅亡につながる」と警告した。東北の自然保護運動はこの時、理念と理論を獲得した。東北の人々の取り組みから始まったブナ林保護運動が「全国版」になって評価され、正当性を得た。そう言っても過言ではない。

春、夏、秋、冬―季節が循環する。生命再生の源は「雪」にある。秋、雪の季節が近づくと、ブナは落葉して土に養分を送る。樹林に差す光が、さまざまな低木類を育てる。ブナの森は、獣たちの食糧庫だ。縄文人は木の実を取り、獣を追って狩りに出た。春、山にたっぷり貯めた雪は、雪解け水になって奔流、田畑を潤し、私たちの命を支えている。それは昔も今も変わらない。「雪」は決して負の遺産ではない。

西日本は、カシやシイを中心とした照葉樹林帯に覆われていた。葉が厚く生い茂り、光を跳ね返してしまう。冬も落葉しないので1年中、森の中が真っ暗。中に生えるのはシダ類ばかりだ。季節の変化が小さければ、循環・再生のシステム、規模も小さい。人々は、森を忌むように切り開き、焼き畑農耕に向かった。大陸から稲作が伝わると、森を破壊し、田んぼを作った。西日本は、森林を破壊することでスタートした文化だ。

縄文時代の遺跡分布を見れば、圧倒的に東日本が多い。東日本の方が、はるかに人口が多かった証明だ。日本の歴史は、長いスパンで見れば圧倒的に東日本中心の時代が長い時間を占めている。「循環と再生」「自然と人間の共存」――それが母たるブナの森が生み出した縄文文化であり、思想・システムは現代に引き継がれている。

青森県には三内丸山遺跡をはじめ是川、亀ケ岡など著名な縄文遺跡がたくさんある。秋田県にも大湯環状列石、伊勢堂岱遺跡など貴重な遺跡が数多くある。それは青森、秋田県に限ったことではない。東北はかつてどこも広大なブナの森に覆われ、縄文遺跡が多数分布、そこに人々の営みがあった。秋田、青森、そして東北全体の共通項が縄文文化である。東北の人々は、もっと「縄文文化に誇りを持っていい」と私は思う。「地球環境を守れ！」のキーワードは、今や「縄文文化に学べ」だ。林道建設反対運動、ブナ林保護運動の渦中で、人々が自らのアイデンティティー、文化のルーツに気づいたところに素晴らしさがある。

▼「大館鳳鳴高校生・岩木山遭難事件」

「蛇足」の域になるが、青森、秋田にこんな共通項もある。

秋田県の大館鳳鳴高校の生徒4人が、青森県の岩木山で遭難死した事件が起きたのは1964年1月だった。遭難の第一報を警察に連絡したのが当時16歳、弘前高校1年の根深誠さんだった。ちょうど、山仲間4人で山に入っていた。しかし、第一報を知らせたのに学校から自宅謹慎処分を受けた。これをきっかけに、さらに山にのめり込む。東京の大学を卒業、帰郷して青秋林道に反対する連絡協議会を立ち上げた。白神問題では、入山規制・禁止派を批判する。

大館山岳会に入って山歩きの鍛錬をしていた奥村清明さんは当時、26歳の若き英語教師として秋田県立米内沢高校の教壇に立っていた。大館山岳会から「岩木山で大館鳳鳴高校生が遭難した。すぐに捜索に向かってくれ」と連絡を受け、救助隊の一員として参加した。秋田の山を熟知、白神山地のブナ原生林を守る会を立ち上げ、以来、事務局長を務める。入山規制派の中心人物である。

二人の共通項が、半世紀以上前に起きた大館鳳鳴高校生・岩木山遭難事件であった。

白神山地世界遺産トレイル（杣道）構想

昔々の白神山地がどんな山だったのか、初めて文字で記録に残したのが江戸時代の旅の文人、菅江真澄（1754~1829年）である。三河（愛知県）の人だが、遠く奥羽、蝦夷地（北海道）への憧れやまず、信濃、越後を経て出羽、津軽と、みちのく路を行く。白神山地・暗門の滝（青森県西目屋村）を訪れたのは寛政8年（1796年）11月（旧暦）だった。暗門の滝を、滝の上流から眺めた後、フガケ沢（西股沢）の山小屋に入る。真澄一行と、先にいた山男の計7人が、同じ小屋で飯を炊いて食べ、宿を共にすることになった。

菅江真澄も訪れた暗門の滝

「日が暮れると、火を焚いてあたりながら、一日中木を伐って山を踏み歩いた話をしたり、あるいは夏の川でイワナ、ヤマベなどを捕った思い出など、それぞれ話したいことを語り合った。ものを聞くと、『知り申さぬ』と秋田弁で応えるのは、この山の彼方の出羽の国、藤琴（藤里町）という所から来ている木こりである。

村里では寝に就く時刻を告げる鐘を聞く時分

であろう。『ああ、退屈だ、何かしようか』と言って、再び飯を炊いた。『たんぱやき』という餅を作ろうと、木櫃に飯へらを突き立てて飯を練り、長い木の串に刺し、あぶって味噌を付けて、『さあ、これをおあがりなさい』と、2尺ばかりある『たんぱやき』を差し出された。私は3、4寸ほど食べてやめたが、案内人も山男たちもそれぞれ4、5尺ほどは食べたであろう」

「菅江真澄遊覧記」の中の「雪のもろ滝」の章に、以上の記載がある。青森県西目屋村と秋田県藤里町との間で、200年以上も前から山男たちの行き来があったことが分かる。ここにある「たんぱやき」とは山の神に祭る御幣餅の意味。あるいは秋田名物・キリタンポの原型との説がある。

根深誠さんが2018年から西目屋村役場、津軽森林管理署などの協力を得て取り組んでいるのが「菅江真澄古道」再生事業だ。暗門大橋から北西部の高倉森へ向かう遊歩道の途中から分岐する。峰の南側をトラバースする形で暗門の滝に向かう。杣道を覆う薮を刈り払い、人が歩けるほどの道に整備する。真澄が歩いたのは3キロ余り、これまで1キロ弱を整備した。

根深さんは「菅江真澄古道」の延長線上に、西へ日本海まで抜けるマタギ道＝杣道を整備し、再生させたい、と言う。名付けて「白神山地世界遺産トレイル（杣道）構想」だ（以下、

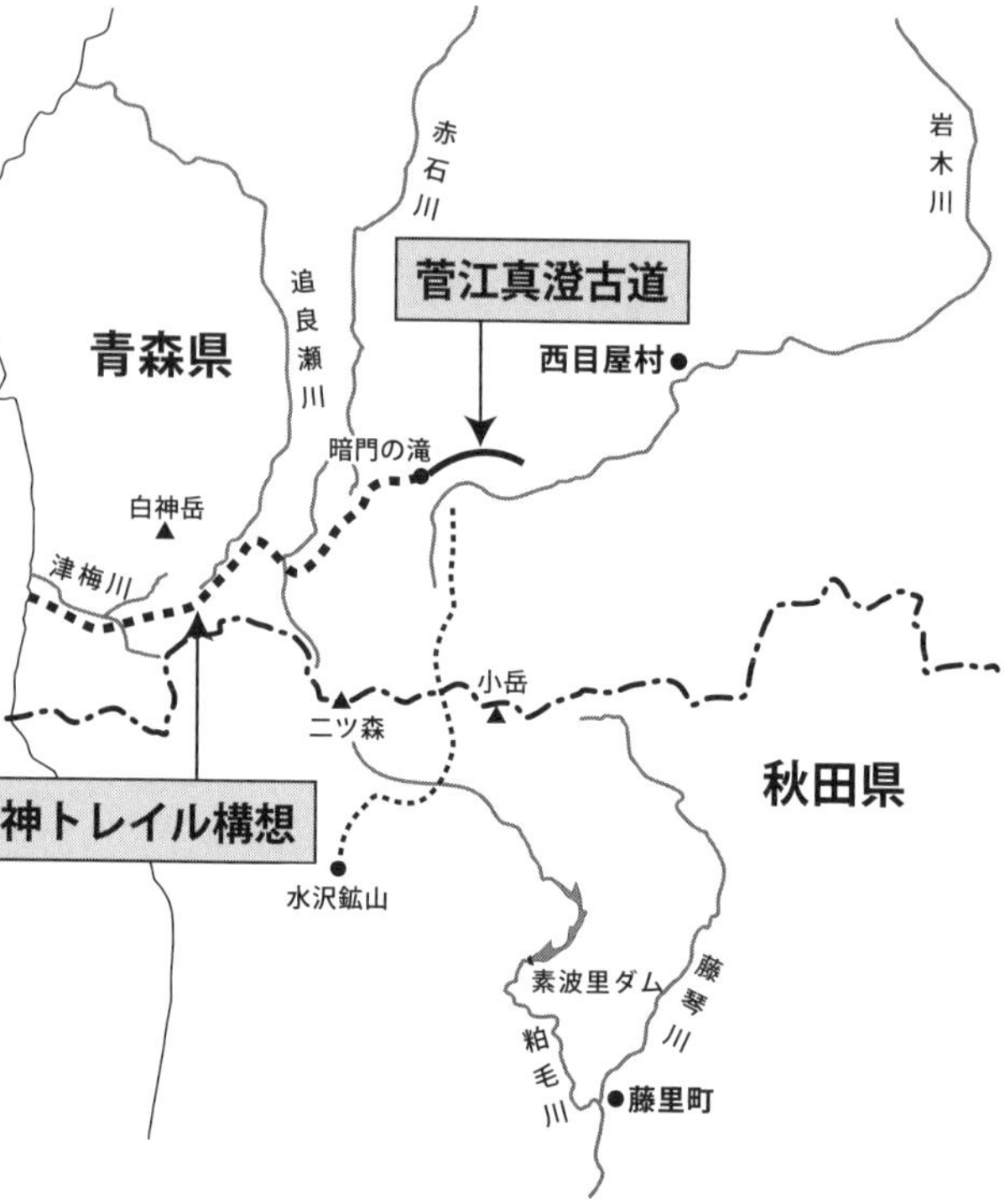

白神トレイル構想

「白神トレイル構想」）。

ルートは次の通り。

暗門の滝→西股沢→ヤナダキ沢→赤石川・赤石二股→ヤナギヅクリの沢→追良瀬川・五郎三郎の沢→津梅川（または沢を詰めて白神岳山頂へ）

全体で約50キロ、2泊3日のコースだ。宿泊地は初日が赤石二股付近、2日目は追良瀬川源流部周辺。「ブナの森と渓谷美の素晴らしさ、自然の息吹を体いっぱいに受けて世界遺産・白神の魅力を十分味わえるコースだ。

一回行ってみれば、世界観が変わるかもしれない」と言う。

このルートは、根深さんが若い頃、西目屋村砂子瀬の老マタギから聞いた話を元に探ったマタギ道だ。マタギは、魚取りに杣道を行き来した。イワナを手づかみで捕り、サクラマスはヤスで突く。クマ撃ちに行く時もこのルートを使った。川沿いにはいくつかの岩小屋があった。そこが雨水を避け、寝床になる。日本海側までも抜け、秋田の能代まで遊びに行った話を聞かせてくれた。山育ちのマタギにとっては、海を見るのが何よりの楽しみだったのだろう。

マタギは、できるだけ体に負担が来ないように、歩くのに楽な山道を選んで歩いた。アップダウンが少なく、沢詰めも少ない。危険度が低いので一般向けのコースにもなる。「ひと夏に数パーティーでいいから、大学の探検部とかワンゲルとか、若い人たちに白神の大自然を経験してほしい」と言う。

かつての杣道は、今は、足の踏み場もないほど草木が密生し、道も何も分からなくなっている。人が入らないと、道は荒れるばかりだ。「環境省や森林管理署が、世界遺産の維持管理の仕事の一つとして『白神トレイル構想』の実現に取り組んでほしい」。笹薮を刈り払い、人が歩ける程度の杣道に整備するだけである。「真澄の書き残した紀行文を参考に、昔の杣人、マタギの歴史を学ぶこと、山の文化を継承していくことが大事だ」と根深さんは訴える。

青森県側の白神の管理計画では、入山は「届け出制で、指定27ルート」となっている。先に挙げた暗門の滝から津梅川に抜けるコースは皆、その中に含まれている。既設ルートをなぞっているだけなので、手続き的な変更は必要ない。

白神は「未踏の原生林」ではない。真澄が記録に残しているように200年以上前、「秋田の山男が峠を越え、青森の暗門の滝の山小屋を訪れてキリタンポを食べていた（一説）」のだから。おそらくその何百年前から、杣道を利用した秋田、青森の行き来があったのだろう。

マタギが山の幸を求めて山を歩いたのとは別に、白神山地の山々を鉱山関係者が行き来していた。白神には幾つもの鉱山がある。青森県側の尾太鉱山（西目屋村）、秋田県側には太良鉱山（藤里町）があった。開山はずっとさかのぼるが、江戸時代からの採掘の記録が残る。ほかに金山、銀山が幾つもあった。

粕毛川源流から峠を越えて峰浜村（旧）に入ると、峠下の水沢地区にも鉱山があり、西目屋村との人の行き来があった。根深さんがかつて、西目屋村の砂子瀬で床屋の婆さんから聞いた話。夫が秋田の峰浜村の水沢鉱山で働いていたという。「じん肺で旦那が胸を病んだ。心配して、目屋の山（白神）を越えて迎えに行った」と語っていた。床屋の婆さんの旦那一人だけでなく、村の仲間たち何人かと一緒に水沢鉱山に行ったであろうことは、容易に推測がつく。太平洋戦争前の話である。
峰浜村のクマ撃ち、成田一二三さん（第1章、青秋林道の案内人）は両親や祖父母に、水沢鉱山の話を聞かされた。「水沢川と桂沢の出合いの100メートルほど先、林道沿いに平場があって、露店が並び食料品や雑貨を売っていた。さらに上ると、町村境下の西側に鉱山があった。水沢鉱山は主に亜鉛を掘っていたそうだ。白神には、ほかにも鉱山がたくさんあった。今の感覚では分かりにくいが、麓の集落と鉱山の間の杣道を鉱山で働く大勢の人たちが行き来し、活気があった。物資を運ぶ生活道路に利用していた。でもそれは戦争前までの話。人が歩かなくなると、道は荒れる。今は、どこに道があるのかさえ分からなくなってしまった」と言う。

小岳を案内してくれた（藤里町、第3章）斎藤栄作美さんも、水沢鉱山の話を聞いている。栄作美さんは鉱山を行き来したであろうその杣道ルートを、以前は何度も自分の足で歩いた。秋田側からのルートは次の通り。
峰浜村・水沢鉱山↓町村境の峠越え↓三蓋沢との出合い↓粕毛川本流↓下沢の出合い↓県境の峠越え↓青森県側・大川↓西目屋村
ここもまた笹藪に覆われ、今はどこが道だか分からないほどに荒れ果てている。しかし、「粕毛川源流域には既存の道がない」と言われ、それを前提に白神山地の保護計画が作られたが、実際は道はあった。現代の人々が、古道をよく知らなかっただけである。

栄作美さんが調べたルートを、筆者が先ほどの根深さんの唱える「白神トレイル構想」に加えたのが先に掲げた地図だ。「白神トレイル構想」を秋田側に拡大、山域全体に広げてはどうか。秋田・白神は、立ち入り制限されている。これを実現するには、秋田・白神の立ち入り制限を解除し、青森県側と同様に届け出制に移行する必要がある。そして、青森県側にある指定27ルートに当たる部分を、この「粕毛川縦断ライン」に当てはめてはどうか。そんな考え方もできそうな気がする。しかし、これはあくまで筆者の私案であり、試案である。

秋田側の人たちは、これをどう聞くだろうか。私案の試案として、栄作美さんに問い合わせてみた。こんな返事を頂いた。

「今の段階では、粕毛川源流域に、薮払いでも道を整備するのには戸惑いがある。私は、世界遺産の中を案内したいけれど、今のままの、道のついていない原生の森を案内したい。白神の問題は、まず青森、秋田の人たちが同じ土俵に載ることが大事だ。そこで保全方法や入山方法を話し合ってみる。それには、両県の音頭を取る人が、どうしても必要だ。青森、秋田の人たちの気持ちが一緒になって初めて次の段階に上り、『これはどうですか』と、トレイル構想やその他の問題について具体的な話し合いができるようになるものと思う」

栄作美さんの言う通りだと、私も思った。

以下は、筆者の私案、試案の続きであり、「夢」である。

青森、秋田の白神山地全体の「トレイル構想」が実現して、若い人たちが山を経験すれば、将来的にガイドの人材も若返るのではないか。地元出身者ばかりでなく、東北とは縁のない人にでも、白神を好きになった東京の大学出の人や脱サラ組に、山の案内を職業とするガイド職を提供できるかもしれない。夢を持ち、白神ガイドを生きがいにする若者が各地から集まって来てくれるといい。そんな時代が来ることを期待したい。「地域が元気になる」。それこそ世界遺産・白神山地からの贈り物だと、私は思う。

◇

根深誠さんは、こんな話をしてくれた。

もう10数年も前になる。根深さんの本を読んだと言う埼玉県飯能市の「自由の森学園」の高3の女子生徒から連絡が来た。その学校は生徒が修学旅行先を決め、中身を企画するのだという。根深さんは現地の相談役だ。真夏の8月、1週間の日程で30数人が弘前にやって来た。

根深さんは初日、生徒と一緒に岩木山に登り、白神山地全体を遠望した。次に西目屋村砂子瀬に行って縄文遺跡の発掘現場に立った。「縄文時代から人間はブナの森の恩恵を受けて暮らしているんだよ」と話す。

翌日、鰺ケ沢町の白神に入る。世界遺産の外側、赤石川の赤石ダムの下にテントを張り、野営した。生徒たちは料理を作り、焚火をした。地元で林道建設反対運動に取り組んだ「赤石川を守る会」の2人が、夜の部から加わった。あしたからの山の案内人だ。

翌朝、キャンプ地を出発し、世界遺産の中に入る。計画書は事前に、生徒たちが森林管理署に届けた。櫛石山、クマゲラの森を経て赤石川の赤石二股に下りる。1日がかり、5～6時間のコースだ。クマゲラの森は、緩斜面にブナの林が広がっている。クマゲラには逢えなかったが、森の美しさに感動したようだ。赤石二股は、本流と支流の滝川が合流する地点だ。対岸に岩小屋がある。岩を掘って作った寝床で、3畳ほどの広さ。「村の人がサケやマスを捕りに山に入った時、夜はここに寝たんだ」と説明すると、子供たちは「へーエッ」と驚いた様子だ。

赤石川本流を下るうちに、空は月明かりに。生徒同士が「大丈夫⁉」と声を掛け合う。それぞれに仲間を思いやっていた。やがて、キャンプ地で留守しているはずの先生が、林道を上って迎えにやって来た。先生を見つけて、子供たちは泣き出して抱き着いた。キャンプ地に着いたのは出発して12時間後、夜の8時になっていた。

翌日は、赤石ダムの下流で根深さんが釣った30数匹のイワナを塩焼き、生徒1人1匹ずつ、みんなで食べた。

今度は水遊び。男の子が根深さんに「沢に落ちたらどうなるんですか」と問う。「濡れるに決まっているべ」と応える。「じゃ、落ちる前に濡れよう」と男の子はドボンと水の中へ。

そこは結構な深みだった。腰まで漬かった。「冷たい」「キャーッ」と大喜びだ。

3泊4日のテント生活を終え、最後は鰺ケ沢町の港に出た。イカ焼きを見学、漁船に乗って白神山地を遠望した。山と海はつながっているのを、生徒たちは体験で知ったに違いない。

この修学旅行は、生徒たちが企画した。下調べ、関係機関への協力依頼、遺跡の見学許可申請の手続きも皆、自分たちでやった。地域住民、漁協、森林管理署、東北電力の協力なしに実現しなかった。忘れがたい修学旅行になった。

後日、学校から感謝の手紙が来た。「今までは時間に縛られてきた生活だった。白神山地に行って、時間の止まった生活を体験できた」と生徒たち。「今まで学校に来なかった子が、白神から帰ったら学校に出て来て、みんなと一緒に勉強するようになった。保護者から感謝された。本当にありがとうございました」と女の先生から手紙が届いた。

「自然の真っただ中に入る。異次元体験が子供たちの心を健全にしたということでしょうか」と根深さんは振り返る。それこそ、それが世界遺産・白神山地が私たちに残してくれた財産だと、私は思う。山は、まず実際に入ってみなければ何も分からない。その道筋を提供するのが大人の役割だと、私は思う。

ＭＡＢ計画も世界遺産も、常に変化する

筑波大学大学院の吉田正人教授（１９５６年生まれ）は、学内で世界遺産専攻吉田ゼミを開き、世界遺産と、自然と文化の関係を研究している。長く日本自然保護協会の研究員を勤め、初期の段階から世界遺産の日本への導入に関わった。白神山地の入山禁止をめぐる議論では、東北自然保護のつどいで幾度かコーディネーターやパネリストとして参加、問題解決に尽力した。現在日本自然協会専務理事。

吉田教授に、ユネスコのＭＡＢ計画（人間と生物圏計画）＝第３章参照＝や世界遺産の導入と意味、現状と今後について聞いた。

―ＭＡＢ計画導入の経緯は。

「日本自然保護協会の沼田真会長は、ＭＡＢ計画の前身である国際生物学事業計画（ＩＢＰ）日本委員会の一員でした。自然の保全と利用の調和を目指す国際プロジェクト、ＭＡＢ計画がスタートしたのは１９７１年です。活動の一環として１９７６年に生物圏保存地域の事業が始まり、世界にネットワークをつくろうとしました。国内では沼田会長が中心になって講演会で紹介したり、森林保護にこの方式を導入するよう政府に働きかけたりしました。

ＭＡＢ計画に基づく生物圏保存地域の保護の形は『核心地域』『緩衝地域』『移行地域』と地帯区分する方式です。白神山地については１９８６年、「中心部1万６０００ヘクタールを、人為を加えず厳正に保護する」「周辺部に緩衝地帯を設ける」ことなど、日本自然保護協会として生物圏保存地域の考え方で保護するよう林野庁に働きかけました。

しかし、沼田会長は生物圏保存地域を導入する際、『人間の立ち入り制限』は考えていませんでした。『自然保護と開発の調和を目指そう』という観点からを考え出された方法がＭＡＢ計画であり、白神山地に生物圏保存地域の導入を求めたのは『ブナ林伐採を阻止するため』であり、『青秋林道を中止させるため』でした。

生物圏保存地域の方式が、その後の世界遺産・白神山地の管理計画のベースになったのは確かです。しかし、もともと『入山禁止』は求めていないし、そういう国際制度がありません。

世界遺産の管理計画は、当該国の法律、国内法に基づいて作成されることになっています。白神山地では、入山禁止にする、しないを決められるのは、地主（所有者）である林野庁です。核心地域を『人為を加えず厳正に保護する』をどう解釈するのか、青秋林道が止まった後、民間でも考え方に溝ができ、林野庁でも双方をまとめきれなかったという経緯があります」

――ＭＡＢ計画、生物圏保存地域の事業は、日本に定着していますか。

「ユネスコ国内委員会は2010年、生物圏保存地域の愛称を『ユネスコエコパーク』と決めました。日本だけが使っている愛称で、より分かりやすく、親しみを持ってもらおうという趣旨です。『核心地域』は厳格に保護します。『緩衝地域』は教育や研修、エコツーリズムに利用します。『移行地域』は地域の社会発展や経済活動を担う地域で、居住区になります。自然保護と地域の人々の生活を両立させ、持続的発展を目指します。

例えば2012年指定、宮崎県の綾（あや）地区があります。総面積1万4580ヘクタール。核心地域の照葉樹林を保護し、その周辺部で照葉樹林の二次林や人工林を復元し、環境教育やエコツーリズム、森林セラピーなどに利用しています。照葉樹林から流れる水を使い、酒造や有機農業に利用したり、ユネスコのネットワークを利用して海外からの観光客の増加や農林産物の国際ブランド化を進めたりしています。

綾地区の核心地域は、入山禁止ではありません。ここは、後から森林生態系保護地域になったので、林野庁も白神山地のようになることは避けたのでしょう。国有林なので森林管理署に入林許可申請は必要です。

国内のユネスコエコパークは、綾地区のほかには、屋久島・口永良部島、大台ケ原・大峯山・大杉谷、白山、志賀高原、みなかみ、只見、南アルプス、祖母・傾・大崩、甲武信があります。

ユネスコも、考え方が変化してきています。核心地域だけを守ろうとしても、守れません。

白神山地では核心地域の保存ばかりに目を向けていますが、ユネスコは核心地域の外へ目を向け、周辺部の地域発展のために活用しよう、と強調しているのです」

——世界遺産の導入について。

「世界遺産条約は1972年、パリのユネスコ総会で採択されました。以来、日本自然保護協会では、沼田真会長が中心になって政府に批准を働きかけました。

多数の異議意見書が集まり、青森県知事の見直し発言もあって、青秋林道はしばらく『中断』していました。その時期が、一時凍結していた北海道・大雪山国立公園の士幌高原道路（士幌町—上士幌町—鹿追町）が、再び建設の方向に動いていた時期とちょうど重なりました。士幌高原道路再開の動きには、背後に推進派の政治勢力があったようです。青秋林道も、『中断』であって、まだ『中止』にはなっていなかった。白神山地を世界遺産に登録して、林道建設の再開を阻止する。二重のタガをはめようとしたのが世界遺産登録でした。観光目的でもなければ、入山禁止が目的でもありません。

世界遺産条約では、遺産を守るために加盟国がそれぞれの国内法で管理計画を作成することになっています。世界遺産の公開の問題については、英文では『presentation』で、ストレートに『公開義務』の意味ではありませんが、『価値の伝達』と訳されます。世界遺産の価値を、将来に向かって伝達しなければならない。そうであれば、閉じ込めての保存ではない。若い人たちに実際に遺産を見てもらい、何が大事かを分かってもらわなければならない。

実物を見たことがなければ、守りたくても守りようがありません。

世界遺産の入山規制は、その国その地域の実情に合わせて決められています。例えば、ニュージーランドのミルフォードトラックは1日88人の完全予約制となっています。また米国のヨセミテ渓谷のハーフドームの登山道は、事前予約50人、当日受付25人の部分予約制となっています」

—世界遺産の保護の在り方、これからどうすればよいのか。

「定期的に、管理計画を見直すことが必要だと思います。登山道の利用状況はどうか、ゴミは散乱していないか、釣り人のマナーはどうか。利用の度合いを、項目ごとにチックする。モニタリング（調査と記録）した結果を、管理計画に反映させる。時代の変化に合わせて、白神山地の管理計画も変えていくべきだと思います。

国内の他の世界自然遺産は、一定期間の間隔を置いて見直しをしています。白神山地も、最低5年に1回か、長くても10年に1回は、管理計画を見直していいと思います。国内の世界遺産は、後から続いた地域ほど、登録の際に外部からの注文が多くなり、それだけモニタリングや、住民との合意形成が重視されるようになりました」

◇

世界自然遺産は、白神山地と同時に遺産登録された鹿児島・屋久島（1993年）と、北海道・知床（2005年）、東京都・小笠原（2011年）がある。各遺産地域ではどんな対応をしているのかを、問い合わせた。いただいたコメントや文書回答の概略を、ここで報告したい。

▽環境省屋久島自然保護官事務所

立ち入り規制については、屋久島でもさまざまな検討がなされています。登山口付近で交通に支障を来す箇所についてはシーズンの一部期間、マイカー規制を導入したり、入り込み客の分散化を図ったりしています。また、ウミガメ産卵地や照葉樹林の一部で利用人数に上限を設けるなどの検討もなされています。

入り込み客数は世界遺産登録年の１９９３年は約20万人で、その後増加して２００７年がピークの約40万人。以後は減少して２０１８年は約28万人です。

管理計画は、一度決めたことにこだわらない。『自然環境のモニタリング結果や社会環境の変化などを踏まえ、必要に応じ見直しを行う。その際は広く意見を聞き、科学委員会からの助言を得つつ、地域連絡会議において検討、適切に見直しを行うものとする』としています。広く意見を聞く関係者とは、県、町、国などの行政機関、山岳団体、エコツーリズム推進協議会、ガイド事業者、地域住民などです。

具体的な取り組みとしては、例えばヤクシカの問題があります。近年、増加傾向にあり、人里では農作物が食害被害を受けたり、高山地帯でも貴重な植物が食べられたりしています。また特定の登山道に、入山者が集中する問題があります。それらが懸念される箇所について、状況に応じた管理を行い、エコツーリズムなどを推進する方針です。
▽環境省ウトロ自然保護官事務所
知床の入り込み客数は、ピークが１９８２年の２７６万人、世界遺産登録後の１９９５年で２２４万人。以後、２００万人前後で推移しつつ、減少傾向を見せ、２０１８年は１６５万人でした。

立ち入り規制問題では、知床五湖についてはシーズンの4月20日〜11月8日に入山の際は、環境省の事前レクチャーを受けることが必要になります。また、クマ繁殖期間の5月10日〜7月31日は、ガイド同行が義務付けられています。

知床は、国立公園の自然公園法、環境省の自然環境保全法、国指定の鳥獣保護区、林野庁の森林生態系保護地域の四つの国内法で管理方式を運営しています。

オオワシ・オジロワシの調査や、サケの遡上、シカによる植生への影響、エコツーリズムや気候変動による影響。これらをモニタリングして総合評価し、２０２１年度に管理計画の見直しを検討しています。
▽環境省小笠原自然保護官事務所
２０１８年に管理計画を改訂しました。地域住民のパブリックコメントを参考にし、観光、商工、地域の諸団体の人たちと何回も何回も会議を開き、かんかんがくがくの議論をしました。小笠原は、無人島と有人島があります。自然環境との調整をどう図っていくか。地域の

思いを、どう反映させ、守っていくか。人と自然との共生を、理念から議論しました。来島者数は、世界遺産登録の２０１１年が約３万人、翌年が約３・２万人、２０１８年が約３万人です。
人間の立ち入り規制について、明確に規制はしていませんが、私有地については立ち入る際に所有者の許可が必要です。無断立ち入りは駄目、外来種の持ち込みは駄目、靴底の洗浄対策などを、みんなで話し合いました。

各遺産センターの動向をまとめれば、次のようになりそうだ。
①モニタリングを管理計画見直しの根拠にする。
モニタリングを行い、客観的なデータを取らなければ、第三者に対して理解を得られない。説得力を持たない。時代の変化によってデータも変化する。管理計画も、時代の変化に連動して改定していく。
②住民との話し合いを重視する。
世界遺産を抱える地域住民の多くは、その地に定住している人たちだ。その人たちの理解と協力がなければ、世界遺産を守ることも、活用することもできない。
③理念を議論する。
小笠原の保護官事務所の方が話してくれた「私たちは、理念から議論した」との回答が印

象に残った。「住民参加を大切にしている」と言う。

世界遺産とは何なのか、どう守り、活用するのか。一番大事なのは、元になる「理念」を議論し、地域住民と「共有」しなくてはならない。それがなければ、世界遺産を保護、活用するスタッフや住民を乗せた一台の列車は、いずれ軌道を外れ、脱線事故を起こしてしまうだろう。

わが白神山地はどうか、先に述べた3点を中心に、順に振り返ってみよう。

①「どう保護するのか」を判断するデータがなかった。

日本自然保護協会の沼田真会長が「白神を世界遺産の候補に推薦する」と発表したのは1990年6月10日、弘前市で開かれた「青秋林道に反対する連絡協議会」の解散会の場であった。取材に行った私も、その場に同席した。青秋林道を阻止した成功を祝った解散会の直後に発表された「世界遺産」は、まるで青秋林道を中止させたことに対する、地元へのご褒美のように受け止めた。

しかし、「世界遺産って何?」。初めて聞くこの言葉を、私を含めて発表の場にいた人たちは、誰も知らなかった。降ってわいたような話でみんな、戸惑った。中身も分からずに「白神が世界遺産になる。すごいことだ」「我々はやったんだ」とばかりに舞い上がった。その結果、精神論が先行していった。

「初めに世界遺産ありき」ではデータを取るモニタリングの時間など、あるわけがない。「推測」を基に議論が百出、その後、保護の在り方を巡ってダッチロールを繰り返したのが白神山地・入山問題の歴史であった。

②話し合いの場がなかった。

屋久島、知床、小笠原の世界遺産は、一つの県、道、都の中にある。同じ自治体なので、話し合いの場は設定しやすい。白神は秋田、青森の二つの県にまたがっている。林道建設反対運動をしていた時期はともかく、世界遺産の話が出た後、両県の民間団体が話し合いをする機会はなかった。「万里の長城」のごとく広大な白神山地が両県を分断しており、時間距離はかなりある。行政側も、世界遺産の懇話会も何もかも別々に開催してきた。話し合いの共通の場がないのだから、白神全体をどうするか、地元の合意形成があるわけがない。ここに白神問題の最大の問題がある。

③理念の議論がない。

世界遺産とは何か、遺産をどう守っていくのか。人と自然はどう共存していくべきなのか。行く着くところは思想・哲学の問題である。最も重要なのは、ベースになるこの「理念」の問題だろう。白神の場合、理念を議論する時間も、場もなかった。根本的な理念の問題、共通理解がなければ、話が噛み合うわけがない。

筑波大学の吉田正人教授が指摘するように、確かに世界遺産登録の後発組ほど「モニタリング」や「住民との合意形成、住民参加」を大事にしている。そして、白神でできなかった「理念の議論」に取り組んでいる。後発組は、先発組の試行錯誤の歴史を、まるで後追いしながら教訓として見ているかのようである。

しかし、悲観することはない。白神山地の自然は、壊されることなく、昔以上に良好に保たれているのだから。「仕切り直し」をする時間は、まだある。

終章

人と自然、共存の道

環境考古学者・安田喜憲氏に聞く

環境考古学者の安田喜憲さんは、仙台市の南隣、名取市に住む。高台の住宅地にある安田邸を訪ねたのは冷たい秋雨が一日降り続く日だった。車を乗り付けると、和服姿で玄関先に迎えていただいた。そして居間で、長時間お話を聞かせていただいた。

筆者が初めて安田さんにあったのは秋田市で開かれたブナ・シンポジウム（1985年）の会場だった。以来、取材で惑った時、その時々にアドバイスをいただいた。既に述べたが、ブナの森が作り出す縄文文化論を理論づけ、自然保護運動の支えになったのが、安田さんが提唱した「環境考古学」の手法だ。しかし縄文文化論は、学問の世界でもなかなか「市民権」を得られなかった。安田さんの人生そのものが、学問的な評価を得るまで、長い道のりを歩まなければならなかった。

安田さんは、世界各地を歩き遺跡を調査、幾つもの山に登った。富士山の世界遺産登録にも尽力した。本書の終章にご登場いただくのにふさわしい人物として、インタビューをお願いした。

——秋田ブナ・シンポで講演したきっかけは。

「僕が広島大学で助手をしていた時代、東京の日本自然保護協会の工藤父母道さんから電話が来て、『秋田でブナ・シンポジウムを開きます。先生にも出ていただきたい』と依頼された。僕の本『環境考古学事始』を読んだようだ。

秋田ブナ・シンポはもう何十年も前のことで記憶は薄くなったが、それまで縄文文化について、一般の関心、意識は低かった。講演会で話しても、僕が伝えたかったことの10分の1も相手側には伝わっていなかったと思う。『縄文時代など原始的、野蛮人の世界だ』『縄文時代に文明？　ほんなことあり得ない』というのが学界でも一般的だった。僕は『日本は森の国、ブナに覆われた東北こそ縄文の文化・文明の中心地だった』『縄文は世界に誇る文明だ』と反論した。

近年の研究では、縄文時代は1万6000年から3000年前ぐらいをいう。ブナの森の豊かさが、東北の縄文文化を支えた。秋田のブナ・シンポ以後、只見（福島県）や弘前市、青森市などに招かれ、お話する機会をいただいた。東北の自然保護団体の人たちから『環境考古学の手法が自然保護運動に力を与えてくれました』と言われた時は、本当にうれしかった」

……安田さんは1946年三重県いなべ市生まれ、京都の立命館大学文学部で地理学を学んだ。卒業して仙台へ、東北大学理学部の大学院で地理学を学んだ。

――ブナの森との出会いは。

「東北大学に憧れの先生がいた。初めて東北に移り住む。冬、山形蔵王へスキーに行った時だ。そこで見た風景は生涯忘れられない。葉っぱが全部落ちている。びっくりした。生まれ育った西日本はカシやシイの常緑樹で、冬になっても葉っぱが落ちない。雪景色を見て『これはどういうことだ』とカルチャーショックを受けた。同時にその美しさに感動した。

車で宮城県北に遊びに行った時、栗駒山の西南、迫川源流域のブナの森を見た。実に素晴らしかった。森の美しさと優しさを教えてくれたのが、栗駒のブナだった。でも当時は、森の大切さなど一般には理解してもらえない時代だった。ブナは『役に立たない木』と言われ、平気で伐られた。栗駒に行った時、林道沿いにブナの大木がたくさん転がっていたのを見た。

僕は大学で、文学部と理学部の二つの学部で学んだ。そして、西日本と東日本の両方の自然に親しんだ。花粉分析を用いて遺跡を調査、西と東の違いを意識しているうちに『環境考古学』の発想が浮かんだ。東北大学時代に国内外の遺跡を調査して本にまとめたのが『環境考古学事始』だった。

花粉分析で縄文時代の植生を復元すると、東北はブナやナラを中心にした落葉広葉樹に覆われていた。木の芽が成長して大きくなる。夏が過ぎ、秋になると落葉し、冬を迎える。翌年春、新芽を出す。自然の循環が動植物の生命を再生させる。それが人間の食料にもなる。森と共存して生きたのが縄文人だ。ドングリやトチの実、サケやマスが食料で、人口は東日本に集中していた。一方の照葉樹は、落葉しないので森の中は真っ暗、その森を破壊していったのが照葉樹林文化だ。人口も東日本に比べてずっと少なかった。人口比の東西逆転が起きるのは、稲作が入った弥生時代以降になる。

学問の世界で僕を育ててくれたのがブナの森であり、東北の縄文文化だった。それが僕の人生を切り開いてくれた。そう思うと、いずれは仙台に家を建て、東北に骨を埋めようと心に誓った」

……東北大学から広島大学へ移る。助手をして11年目、京都の国際日本文化研究センター（1987年創設）の初代所長で、哲学者の梅原猛氏に見いだされる。同文化研究センターで1988年～2012年、助教授、教授として研究生活を送った。

——梅原猛氏との出会いは。

「秋田のブナ・シンポの時はどちらも出ていたのだが、面識もなく、話もしていない。それから2年後の年末だった。梅原先生から電話が来て『うちの助教授として来る気はあるかね』と打診された。僕の書いた『世界史の中の縄文文化』を読んだと言う。助手生活が長かった僕は『ハイ、今すぐ参ります』と即答した。

梅原先生は『日本の基層文化は縄文文化にある』と言い、僕は『落葉広葉樹による縄文文化は1万3000年以上持続した一つの文明だった』という考え方だ。『日本文化のルーツは縄文文化にある』という点で二人は一致していた。僕の人生を切り開いてくれたのは、第一が東北のブナの縄文文化とすれば、第二が梅原猛先生だ。

梅原先生は、日本で環境問題が大きくなる前から警鐘を鳴らし、人と自然との共生・共存が大事だと語っておられた。同時に日本文化の再考を訴えていた。『西欧から文化を移入する時代は済んだ。西欧文化と違った新しい文化を創造すること、明治以前の、われわれの祖先が築いた東洋の文化を正しく理解し、深く思索することが必要だ』（『美と宗教の発見―創造的日本文化論』）と説いた。

大学院時代から、僕は遺跡調査と同時に英国と日本の森林破壊の比較をテーマにした。英国は畑作牧畜の社会。歴史的に、本来存在したはずの森林の90パーセントも破壊して、産業、文化が成り立っている。西欧各国を見て歩いたが、ドイツもスイスもギリシャも森がことごとく破壊されていた。ところが日本は違う。森林を伐採しても、二次林を育てる。里山の文化、稲作漁労社会が営々と引き継がれている。

明治維新以来、医学、科学、哲学、あらゆる分野の学問が西欧から輸入された。近代化の遅れた日本は、西欧の文物を何でもありがたがり、崇拝した。僕の学んだ地理学の分野は、その意味でも西欧流の考え方が後々まで影響し、尾を引いた。

日本の縄文文化、中国を中心にしたアジアの稲作漁労文明は、森―里―海を結ぶ生命文明だ。これに対峙するのが西欧の一神教の世界、人間中心主義の考え方だ。学問も、この文明様式に乗って二つの潮流ができた。前者が、森を文明の原点とする狩猟採集文化。後者は、自然を収奪し、機械技術力に生産を頼る。自然を支配しようとする西欧文明だ。

自然保護の問題でも、西欧の思考では、自然と人間を厳格に分ける。極端になると『自然には、絶対に手を付けちゃ駄目』となってしまう。白神山地の管理方式も、西欧流の影響があったのではないかとの印象を受ける。

縄文文化は持続可能な社会であり、循環、再生してこそ成り立つ。自然との共生・共存が前提だ。まさに1万3000年間続いた縄文文化の歴史が、それを体現している。日本人の伝統的な自然観を大事にしてほしい。自然を生かし、人間を生かすことこそ大事ではないか」

——なぜ、日本の学問の世界が西欧中心になったのか。

「明治維新で資本主義の扉を開き、学問の世界も『西欧に追いつき追い越せ』となった。さらに決定的だったのが太平洋戦争で負けたことだ。戦争に負けるとは、あらゆる分野に敗者の論理が及ぶ」

……国際日本文化センターを定年退職、名誉教授に。紫綬褒章を受章（2007年）。著書は100冊を超える。名取市に移る。一方で、静岡県の富士山世界遺産推進担当参与になった。以後、名取と静岡を行き来する。

——世界文化遺産・富士山との関りは。

「静岡県の川勝平太知事は、元は国際日本文化センターにいた経済学者。職場の同僚であり、一緒にセンターの副所長を務めた仲だった。『富士山を世界遺産にするので来てくれ』とお呼びが掛かった。

ユネスコの諮問機関、イコモスが富士山を世界文化遺産に登録するように勧告したのが2013年4月だった。しかし、『三保の松原を外せ』という条件付きだった。6月に世界遺産会議がカンボジアのプノンペンで開かれる。僕はカンボジアに遺跡発掘で何度も行っている。人脈もある。ソク・アン副首相が世界遺産の議長を務めることを知っていたので、開催前に僕の考えを伝えた。

『貴国のアンコール・トムの環濠（かんごう）遺跡を見よ。都市の周りを水が巡っているではないか。大事なのは森、里、海の命の循環系を守ることだ。東洋文明が、森を破壊してきた西欧文明の軍門に下ってよいのか』

世界遺産会議で、三保の松原を含めた富士山の文化遺産登録が決まった。会議に出ていた静岡県の関係者と、みんなで「バンザイ」をした。

富士山に登るには静岡県側が富士宮口、御殿場口、須走口の三つあり、山梨県側には吉田口がある。そこを通って年間30万人が登っている。行列ができて、他人のお尻を見ながら頂上を目指して歩くほどの混雑ぶりだ。これをどうするか、山容をどう維持していくのか、問題はたくさんある。しかし、私たちは常に議論している。静岡、山梨県庁で富士山利用者負担専門委員会をつくり、僕が座長を務めている。２０１４年から『美しい富士山を後世に』を目的に、５合目から先に立ち入る人に一人１０００円の保全協力金をお願いしている。強制ではない。富士山保全協力金は、僕が川勝知事に提案して実現したものだ。観光面では富士五湖のある山梨県が中心になっているが、『富士山は一つ』を合言葉に、常に両県で情報交換し、協力している。

富士山の登山者はあふれているが（コロナ禍の２０２０年を除く）、入山禁止の話は出ない。僕は、保全協力金を1回10万円出してもいいから一生に一度、富士山の素晴らしさを、自分の足で登り一人でも多くの人に体験してほしいと思っている。実際に登ってみれば、自然への畏敬の念を感じるはずだ」

――白神山地では入山規制・禁止問題で揺れている。例えば人間が山に入ることに伴い、雑菌が自然を汚染するという心配はあるのだろうか。

「僕は世界30カ国ぐらい歩いたが、自然保護の議論で人間の雑菌の影響を問題にしている話は聞いたことがない。西欧流の考え方から人間をシャットアウトしたり、雑菌論を根拠にしたりする入山規制・禁止論には賛成できない。

僕は、秋田県には１９９６年から10年ほど、年稿（ボーリングして湖沼の底に堆積した層を調査、年代を特定する）の調査で、男鹿市の一ノ目潟と三ノ目潟に通った。余談だが、調査の合間に、男鹿真山伝承館でナマハゲの実演を見せていただいた。ナマハゲが真山神社から降りて来て『悪いことしてないか』『勉強してるか』と叫ぶ。『怖いよ～』と子供たち。『大丈夫だ。お前たちを守る』と親は子を抱き締める。東北の人々の忍耐強さ、親子の絆を体現した素晴らしい伝統行事だ。

秋田の人は、優秀な人が多い。首相まで出した。白神問題も、保護、活用の在り方をどうするか、まだ模索状態なのだろう。しかし、みんなで話し合えば、きっと良いアイデアが浮かんでくるはずだ。

人と自然、共存の道こそ、縄文人が現代人に送るメッセージだと思う」

※

おわりに

私は福島県内の高校を卒業し、仙台の大学に進学した。親の負担を少しでも軽くしようと、学生寮に入った。その学生寮は全寮サークル制で、必ずどこかのサークルに入らなければならない。私は「五万分の一」という名のサークルを選んだ。五万分の一の地図を頼りに、厳しい冬山訓練をするような山岳部ではなく、山歩きを楽しもうというサークルだった。

サークルの仲間と泉ケ岳、大東岳など仙台近郊の山から始めた。やがて早池峰（岩手）、八甲田山（青森）、朝日連峰（山形）、八ケ岳（長野）、南アルプス（静岡、長野、山梨）と各地の山に足を延ばす。受験勉強から解放されたこともあってか、山に行くとみんなの目が輝いていた。そんな時、誰ともなく「尾瀬に行こうや」と声が出た。すると「行こうぜ、行こう」と皆、声を弾ませた。私たちの世代にとって、尾瀬は憧れの山だった。大学2年目の初秋だった。

夜行列車とバスを乗り継ぎ、福島県の南会津・檜枝岐村へ。沼山峠を越え、尾瀬沼に到着した。仲間は11人。キャンプ場にテントを張った後、付近を散策した。尾瀬沼畔に立つ山小屋を見た。「これが長蔵小屋か」、思わず声を上げた。全体が黒く、思った以上に大きな木造の建物だった。山小屋の前に、こんこんと飲み水用の冷水が流れているのが印象に残った。

翌日、燧ケ岳に登った。眼下に尾瀬沼、尾瀬ケ原、遠くドーム型の日光白根山が見えた。素晴らし景観。下山して、尾瀬ケ原の山小屋に泊まった。翌日は湿原を行く木道を歩き、至仏山に登った。三条ノ滝も見た。尾瀬の空気を体いっぱい吸い、三平（さんぺい）峠を越えて群馬県側に下りた。学生時代の忘れがたい思い出である。40年以上過ぎた今も、燧ケ岳の山頂で、みんなで撮った写真を部屋に飾ってある。「尾瀬を見た」。それが私にとって、白神保護の「原点」になった。

◇

環境庁が発足したのが1971年7月1日だった。それに先行するように、尾瀬自動車道の建設が進む。群馬県側から福島県側に入り、尾瀬沼畔の東側を巻くルートで、群馬県側はもう三平峠の下まで工事が迫っていた。チェンソーがうなりを立てて森を切り裂き、渓流は土砂で埋められ、ブルドーザーがはい上がるように登ってきた。「尾瀬の自然を守れ」の声が地元から関東、全国へ広がりつつあった。しかし住民運動は、まだまだ力の弱い時代である。

「国が承認し、県が実施し、もはや多額の費用をつぎ込んできた工事だ。もうどうにもならない」と人々はひそひそ話した。追い詰められた状況下で、「なお残されている可能性を探ろう」と立ち上がったのが、尾瀬沼畔で長蔵小屋を営む青年・平野長靖氏だった。初代環境庁長官・大石武一氏のいる東京・三田の私邸を訪ね、尾瀬自動車道の建設見直しを直訴した。平野青年の遺稿集「尾瀬に死す」に、その場面がこう書かれている。

「(1971年)七月二十一日、尾瀬に生活する一個人の資格で、一枚の地図だけを持って私は大石長官を訪ねた。温厚で飾らない人柄、政治手腕は未知数だが意欲的で、圧力に屈する人ではない、と教えられていたが、直接に話してみて、そのフイーリングのよさに驚いてしまった。『新発足の環境庁の重要な仕事の一つは、あくなき観光開発による自然破壊に歯どめをかけることだ。すでに決定されているものでも、時代の要請に沿ってもう一度再検討したい。来週にも尾瀬を視察しよう』と思いもかけぬ明快な受けとめかたで、夢ではないか、とぽかんとしてしまった。

翌々日の新聞に『尾瀬に車公害許すな―自動車道の是非再検討―初仕事にと環境庁が本腰』という第一報がのり、以後、しばらく、小屋の無線電話が鳴りつづけることになる」

大石環境庁長官は直ちに尾瀬を視察、その様子は全国に報道された。群馬、福島、新潟の3県知事の思惑に食い違いが起き、行政の足並みがそろわない。国民世論の大きな後押しもあって大石長官が決断、尾瀬自動車道は中止に決まった。平野青年はその年の12月1日、東京の自然保護集会に参加するために山を下りる途中、三平峠下で遭難死した。36歳だった。大石長官は追悼の辞で「君の行動で、自然を守ろうという意識が、燎原の火のごとく全国に広まった」と述べた。

◇

この年、私は高校1年生だった。私たちは皆、尾瀬保護のドラマを、生のニュースで見た世代だった。勇気ある平野青年の行動が、少年たちの記憶に強烈に刻まれた。

大学に入り、山登りを始めた。学生寮のサークル「五万分の一」の仲間で、平野青年の遺稿集「尾瀬に死す」を回し読みした。尾瀬保護に奔走し、疲労が重なった。「最後は三平峠で遭難死したんだ」と寮の一室で語り合った。一人の人間の死は、重い。「三平峠とは、どんな所なのだろう?」。私はなぜか、実際に尾瀬に行くまで「三平峠」の地名が、頭の片隅から離れなかった。平野青年の訴えを受けて道路工事の中止を決断した大石長官は、国民から大きな拍手を受けた。地元宮城県出身の大臣で、私たちにも親しみを感じさせた。「保護運動のドラマの舞台になった尾瀬を見たい」―そんな思いが11人の仲間を「尾瀬行き」に掻き立てた。

それから12年後、私は新聞社の青森の支局で青秋林道建設反対運動、白神山地ブナ原生林保護運動を、リアルタイムで取材した。彼と彼女らの血と涙の保護ドラマを目の前で、生で見た。「この保護運動を不発に終わらせたくない。何とか成功させる方法はないだろうか」と思いを巡らした。脳裏に浮かんだのは16年前、高校時代にニュースで見た尾瀬保護のドラマであり、12年前、大学時代に学生寮の仲間と見た美しい尾瀬の風景であった。

白神問題で、異議意見書集めに奔走した青秋林道に反対する連絡協議会の若者たちの一人一人の顔が、私には尾瀬保護に献身した平野青年の姿に二重写しになって見えた。平野青年が大石環境庁長官に直訴して、尾瀬自動車道を止めた。「同じことをやってみよう。トップに決断を求める以外に、問題解決の方法はあり得ない」と考えた。腹をくくって青森県知事の私邸を訪ね、連絡協議会のメンバーの「代役」になって知事に訴えた。その経過は、第4章につづった通りである。

北村知事は会津藩士の末裔である。長蔵小屋のある場所は福島県南会津郡檜枝岐村だ。私にとって、白神保護のキーワードは「会津」だった。会津は東北の中でも古い歴史を持つ地域だ。歴史の重みというのは、時にさまざまな所から、さまざまな形で表出するものである。私と知事を結び付けたのは「会津」の言葉である。2度目の支局勤務の年齢になった時、私は会社側に会津若松支局転勤を強く希望した。37～39歳の3年間、会津若松市で暮らした。

会津若松は鶴ケ城を中心に町割りができている。正面の大手通りの左右に家老たちの屋敷を配置し、周りに上級武士を置いた。本丸に近いほど格上のサムライが住んでいる。古地図を見ると、北村家は外郭（外堀に近い所）にあった。北村家は藩幹部の名にはなく、中級武士ぐらいだろうかと推定した。

市の郊外、東山温泉の入り口に会津武家屋敷がある。展示室の一角に北村知事の揮毫した「北斗以南皆帝州・北村正哉」の書が掲げられていた。逆賊の汚名を着せられ、戊辰戦争で新政府軍に敗れた会津藩は、青森県の下北半島に強制移住させられた。この際、会津藩は「斗南（となみ）藩」と藩名を変え、再起を図った。「斗南」は中国の詩文集「北斗以南皆帝州」に由来する。「下北は最果ての地だが、天皇の恩恵を受ける帝国の中にある」などと解釈されるが、諸説ある。

会津に住み、北村さんの「痕跡」を見つけたのはその二つばかりである。戊辰戦争で街は焼け野原になった。戊辰戦争より以前の人も物も、すべてが消え失せていた。

尾瀬は明治時代、南会津・檜枝岐村生まれの平野長蔵が燧ケ岳を開山したのに始まる。最初は燧ケ岳の登山口、尾瀬沼の沼尻側（現在の長蔵小屋の対岸）に小屋を建てた。大正時代、ダム計画が出ると、長蔵は内務大臣あてに建設反対の嘆願書を提出、尾瀬に永住すると決意して政府に抵抗した。小屋は後、現在の場所に移る。2代目長英は穏やかな性格の人で、歌人でもあった。戦後、国土復興の旗印の下にダム計画が浮上すると、これに反対した。尾瀬を守ろうという文化人や登山家が支援し、民間の保護活動がスタート。尾瀬保存期成同盟へ、日本自然保護協会へと発展した。3代目が尾瀬自動車道に「待った」をかけた長靖氏である。

会津若松支局に赴任した私のもう一つの目的は、尾瀬の長蔵小屋を訪ね、平野長靖氏の未亡人である平野紀子さんに直接会って、白神保護の水面下での動きを伝えることだった。赴任して1年目の初夏、ニッコウキスゲが咲き誇る頃、長蔵小屋を訪ねて紀子さんに会った。

美しい女性だった。

「白神山地が守られたのは、我が身を犠牲にして尾瀬を守った平野長靖さんの勇気ある行動があったからです。白神でも、尾瀬と同じことがあったんですよ」と、白神保護の舞台裏の真相を具体的に話した。紀子さんは初め驚き、惑い、最後はほうっと、うれしそうな顔に、笑顔になった。

平野青年が、環境庁長官の大石武一氏の私邸を訪問して直訴したあの日、紀子さんも上京して、ホテルで待機していた。「帰ってきた時の夫の顔は、輝きと戸惑いの表情だった」と話した。

紀子さんは1941年、札幌市生まれ。札幌南高校の定時制高校に通いながら、北海道新聞で働いた。「道新（北海道新聞）の論説委員室で、お茶くみ（庶務係）してたんですよ。彼とは組合で知り合ったの」と笑う。

平野長靖氏は1935年生まれ。長蔵小屋で育ち、沼田高校（群馬県）から京都大学文学部に進み国史学を学ぶ。山小屋を継ぐかどうかで悩みつつ、卒業後は、北海道新聞に入社した。校閲部、整理部（紙面のレイアウト）に所属、組合青年部副部長などを務めた。道新にいたのは4年間。1963年、28歳の時に長蔵小屋に戻った。翌年、紀子さんと結婚。紀子さんも尾瀬の人となった。

私は、会津若松支局時代の3年間で計7回、尾瀬に行き、毎回長蔵小屋に紀子さんを訪ねた。そして白神山地の問題を書いた私の連載記事を読んでもらった。

紀子さんの父親は仙台市出身。10代前半で獣医師の祖父と北海道に渡った。技術者になったが、若くして亡くなった。母親は弘前市の隣、川部（田舎館村）の生まれ。「子供の頃、青森に行ってよくリンゴ園で遊んだわよ」と懐かしそうに話してくれた。

長蔵小屋で談笑した後、小屋を出て大江川湿原を歩いた。湿原の中に「柳蘭（ヤナギラン）の丘」がある。そこが長蔵、長英、長靖の平野家3代の墓地になっている。

紀子さんとお参りした。私はそこで手を合わせ、墓前に報告した。

「白神保護、原点は尾瀬にあり」——と。

【関連年表】＝西暦年・月・日＝

1949
尾瀬のダム計画に反対、尾瀬保存期成同盟が発足する
1951
尾瀬保存期成同盟が、日本自然保護協会に改組。60年、法人化
1971・7・21
長蔵小屋の平野長靖氏、大石武一環境庁長官に尾瀬自動車道の見直しを直訴する
同・12・1
平野長靖氏、三平峠下で遭難死。36歳。
1972年
尾瀬でゴミ持ち帰り運動始まる
1978・12・6
青秋県境奥地開発林道（青秋林道）開設促進期成同盟会結成
1980・10・25〜26
第1回東北自然保護のつどいを、山形県朝日村（現鶴岡市）で開催する
1982・8・1
青秋林道、秋田県側の工事に着工
同・8・12
青秋林道、青森県側の工事に着工
同・8・22
弘前市で青森、秋田両県の自然保護団体が合同会議。反対運動がスタートする
同・11・13
東北自然保護のつどい岩手大会で、白神山地ブナ林保護の要請書を関係機関に提出することを決定
1983・1・22
白神山地のブナ原生林を守る会の設立総会、秋田市で開催する
同・4・2
青秋林道に反対する連絡会議、青森市で結成集会を開催する

同・8・25〜28
日本自然保護議員連盟、日本自然保護協会、日本山岳会、日本学術会議、日本野鳥の会などからなる視察団が、青森、秋田両県の現場を視察、関係官庁に林道建設の中止を申し入れる

1985・4・11
林野庁、衆院決算委員会で、秋田から青森へのルート変更を示唆

同・5・7
秋田県森林土木課、白神山地のブナ原生林を守る会にルート変更を伝える

同・6・6
秋田県、ルート変更を県議会農林水産委員会で報告

同・6・15〜16
秋田市で、ブナ・シンポジウムが開催される

同・6・27
秋田県林務部職員が青森市を訪れ、青森県自然保護課、青秋林道に反対する連絡協議会にルート変更の説明会を開く

同・7・25
青秋林道に反対する連絡協議会、秋田県知事にルート変更の全面見直しを求める要望書を提出する

1986・5・26
日本自然保護協会、白神山地をＭＡＢ計画に基づく生物圏保存地域として指定するよう申し入れる

1987・6・8
青森県、鰺ケ沢町の赤石川源流の保安林解除に同意する意見書を青森営林局に提出

同・10・15
青森県、赤石川源流の保安林解除の予定告示を行う

同・10・19
林業と自然保護に関する検討委員会の第1回委員会開催

同・10・19
青秋林道に反対する連絡協議会、赤石川流域の集落で異議意見書集めの署名運動をスタートさせる（以後、1カ月間の署名期間で、全19地区で開催）

同・11・5
第一次異議意見書約3500通を提出する
同・11・6
北村正哉・青森県知事、青秋林道建設見直しを発言する
同・11・13
第二次異議意見書約9500通を提出
同・12・3
自民党青森県連政調会、青秋林道建設について話し合い合意を目指すべきとの見解を発表する
同・12・7〜9
青森県議会、大勢が青秋林道建設凍結、中止に傾く
1988・8・9
青森県の工藤俊雄農林部長、秋田県林務部長と会談、本年度建設を断念
同・8・23
秋田県の佐々木喜久治知事、本年度建設凍結を表明
同・12・7
林業と自然保護に関する検討委員会の報告が公表される。林野庁は報告書を尊重するとした
1990・4・27
林野庁、白神山地など全国7カ所の国有林を森林生態系保護地域に設定、青秋林道は打ち切りとなる
同・5・19
白神山地のブナ原生林を守る会、秋田市で原生林保護を祝う会を開催
同・6・10
青秋林道に反対する連絡協議会、弘前市で解散会。日本自然保護協会の沼田真会長が、白神山地を世界遺産に推薦すると発表する
1993・12・9
世界遺産委員会が、白神山地の世界遺産登録を決定する
1997・3・9
世界遺産地域懇話会（秋田県側）、核心地域について「原則、入山禁止」を決定する
同・3・29
世界遺産地域懇話会（青森県側）、核心地域について28指定ルート（当初）を提示する

同・6・30
　世界遺産地域連絡会議が、秋田県側は「原則、入山禁止」、青森県側は「27指定ルートを設定した許可制入山」とし、翌日から実施する
1998・10・24〜25
　東北自然保護のつどいが鶴岡市湯野浜温泉で開催され、入山規制・禁止派と規制・禁止反対派が激論を交わす。規制・禁止反対派が、大勢の支持を得る
2000・10・14〜15
　東北自然保護のつどい、青森県鰺ケ沢町で開催、入山を届け出制に移行することなどを盛り込んだ白神2000プランを発表する
2003・7・1
　東北森林管理局青森分局が、白神山地の青森県側核心地域を許可制から届け出制に変更する
2005・6・24〜26
　日本山岳会が、創立百周年記念事業に、櫛石山でブナ林再生の記念植樹を行う
2016・10・22〜23
　東北自然保護のつどい、山形県庄内町月の沢温泉で開催、秋田県側・白神山地の入山禁止の見直しが提案される
2017・9・2〜3
　東北自然保護のつどい、北秋田市打当温泉で開催、秋田県側・白神山地の入山禁止の見直しが提案される
2018・11・10〜11
　東北自然保護のつどい、青森県西目屋村で開催、秋田県側・白神山地の入山禁止の見直しが提案される
2019・10・26〜27
　東北自然保護のつどい、花巻市大沢温泉で開催、秋田県側・白神山地の入山禁止見直しが提案される
2020・1・31
　白神山地世界遺産地域連絡会議が弘前市で開催され、秋田県側の入山禁止見直しが提案される
2020年秋
　東北自然保護のつどい、宮城大会が、新型コロナウイルスの影響で延期される

【参考文献】

尾瀬に死す（平野長靖、新潮社、1972年）
尾瀬―山小屋三代の記（後藤允、岩波新書、1984年）
環境考古学事始（安田喜憲、NHKブックス、1980年）
美と宗教の発見―創造的日本文化論（梅原猛、筑摩書房、1967年）
ブナ林を守る（鳥海山の自然を守る会・白神山地のブナ原生林を守る会共編、秋田書房、1983年）
白神山地に生きる（鎌田孝一、白水社、1987年）
白神山地を守るために（鎌田孝一、白水社、1998年）
白神山地ものがたり（奥村清明、無明舎出版、2005年）
守りたい森がある（奥村清明、秋田魁新報社、2015年）
みちのく源流行（根深誠、北の釣り社、1980年）
ブナ原生林　白神山地をゆく（根深誠、立風書房、1987年）
森を考える（根深誠編、立風書房、1992年）
新・白神山地―森は蘇るか（佐藤昌明、緑風出版、2006年。初版1998年）
世界遺産を問い直す（吉田正人、山と渓谷社、2018年）
東北・創刊号（東北自然保護団体連絡協議会議編、1980年）
出羽三山の自然を守る会だより54、55、59号（編集・佐久間憲生、守る会発行、1979～1980年）
菅江真澄遊覧記・「雪のもろ滝」（内田武志・宮本常一編訳、平凡社・東洋文庫、1967年）

ほかに秋田魁新報、北羽新報、東奥日報、陸奥新報、デーリー東北、河北新報、朝日新聞、毎日新聞、読売新聞のニュース記事を参考にした。

＝協力・青森放送＝

著者略歴

佐藤　昌明（さとう・まさあき）

1955年、福島県飯舘村生まれ。東北大学文学部日本思想史学科卒。新聞社勤務を経てフリージャーナリスト。山を考えるジャーナリストの会会員、白神逍遥の会代表。

著書は、自然保護関係で「白神山地―森は蘇るか」「新・白神山地―森は蘇るか」（改訂版）（以上、緑風出版）、「白神山地　目屋マタギ」（グラフ青森）、「ルポ・東北の山と森、共著」（緑風出版）など。

歴史、民俗、現代社会関係は「飯舘を掘る　天明の飢饉と福島原発」（現代書館）で第１回むのたけじ地域・民衆ジャーナリズム優秀賞を受賞（2019年）。「福島県飯舘村・子安延命地蔵尊―現代へのメッセージを読み解く」（笹氣出版印刷）、「庄内ワッパ事件」（歴史春秋社）、「仙台藩ものがたり」（河北新報出版センター、共著）、「台湾の霧社事件」（永井印刷）など。

秋田・白神　入山禁止を問う

定価一七六〇円〔本体一六〇〇円＋税〕

二〇二一年四月七日　初版発行

著　者　佐藤　昌明
発行者　安倍　甲
発行所　㈲無明舎出版
秋田市広面字川崎一一二―一
電　話／（〇一八）八三二―五六八〇
ＦＡＸ／（〇一八）八三二―五一三七
製　版　㈲三浦印刷
印刷・製本　㈱シナノ

ISBN 978-4-89544-665-5